国家级技工教育规划教材

全国技工院校医药类专业教材

无机化学——药用化学基础

倪　汀　钱惠菊　主编

中国劳动社会保障出版社

图书在版编目（CIP）数据

无机化学：药用化学基础/倪汀，钱惠菊主编．-- 北京：中国劳动社会保障出版社，2023

全国技工院校医药类专业教材

ISBN 978 - 7 - 5167 - 5859 - 5

Ⅰ.①无… Ⅱ.①倪… ②钱… Ⅲ.①无机化学-技工学校-教材 Ⅳ.①O61

中国国家版本馆 CIP 数据核字（2023）第 086701 号

中国劳动社会保障出版社出版发行

（北京市惠新东街 1 号　邮政编码：100029）

*

北京市科星印刷有限责任公司印刷装订　　新华书店经销

787 毫米×1092 毫米　16 开本　13 印张　276 千字

2023 年 6 月第 1 版　　2023 年 6 月第 1 次印刷

定价：36. 00 元

营销中心电话：400 - 606 - 6496

出版社网址：http://www.class.com.cn

版权专有　　侵权必究

如有印装差错，请与本社联系调换：（010）81211666

我社将与版权执法机关配合，大力打击盗印、销售和使用盗版
图书活动，敬请广大读者协助举报，经查实将给予举报者奖励。

举报电话：（010）64954652

《无机化学——药用化学基础》编审委员会

主　　编　倪　汀　钱惠菊

副 主 编　何爱英　常　玉

编　　者　（以姓氏笔画为序）

付灵君（江西省医药技师学院）

何爱英（江西省医药技师学院）

张懿博（河南医药健康技师学院）

陈　莎（乐山市医药科技高级技工学校）

钱惠菊（江苏省常州技师学院）

倪　汀（江苏省常州技师学院）

徐　超（湖南食品药品职业学院）

常　玉（云南技师学院）

主　　审　陶巧凤（浙江省食品药品检验研究院）

申聪云（常州四药制药有限公司）

总前言

为了深入贯彻党的二十大精神和习近平总书记关于大力发展技工教育的重要指示精神，落实中共中央办公厅、国务院办公厅印发的《关于推动现代职业教育高质量发展的意见》，推进技工教育高质量发展，全面推进技工院校工学一体化人才培养模式改革，适应技工院校教学模式改革创新，同时为更好地适应技工院校医药类专业的教学要求，全面提升教学质量，我们组织有关学校的一线教师和行业、企业专家，在充分调研企业生产和学校教学情况、广泛听取教师意见的基础上，吸收和借鉴各地技工院校教学改革的成功经验，组织编写了本套全国技工院校医药类专业教材。

总体来看，本套教材具有以下特色：

第一，坚持知识性、准确性、适用性、先进性，体现专业特点。教材编写过程中，努力做到以市场需求为导向，根据医药行业发展现状和趋势，合理选择教材内容，做到"适用、管用、够用"。同时，在严格执行国家有关技术标准的基础上，尽可能多地在教材中介绍医药行业的新知识、新技术、新工艺和新设备，突出教材的先进性。

第二，突出职业教育特色，重视实践能力的培养。以职业能力为本位，根据医药专业毕业生所从事职业的实际需要，适当调整专业知识的深度和难度，合理确定学生应具备的知识结构和能力结构。同时，进一步加强实践性教学的内容，以满足企业对技能型人才的要求。

第三，创新教材编写模式，激发学生学习兴趣。按照教学规律和学生的认知规律，合理安排教材内容，并注重利用图表、实物照片辅助讲解知识点和技能点，为学生营造生动、直观的学习环境。部分教材采用工作手册式、新型活页式，全流程体现产教融合、校企合作，实现理论知识与企业岗位标准、技能要求的高度融合。部分教材在印刷工艺上采用了四色印刷，增强了教材的表现力。

本套教材配有习题册和多媒体电子课件等教学资源，方便教师上课使用，可以通过技工教育网（http://jg.class.com.cn）下载。另外，在部分教材中针对教学重点和难点制作了演示视频、音频等多媒体素材，学生可扫描二维码在线观看或收听相应内容。

本套教材的编写工作得到了河南、浙江、山东、江苏、江西、四川、广西、广东等省（自治区）人力资源社会保障厅及有关学校的大力支持，教材编审人员做了大量的工作，在此我们表示诚挚的谢意。同时，恳切希望广大读者对教材提出宝贵的意见和建议。

本书前言

　　《无机化学——药用化学基础》是技工教育医药类专业一门重要的专业基础学科，对学生专业知识的学习、工匠精神的培养起着重要的作用。编者紧密联系医药行业实际，以无机化学的基本理论、基本知识、基本操作技能为主线，按照中级技工教育阶段学生认知规律，在与初中化学无缝衔接的基础上，以必须、实用、够用为准则，合理安排教材内容，控制教材难度；对当前教学中存在的薄弱环节和共性问题予以适当强化，为学生后续专业知识学习和技能提升夯实基础。编者在编写中注重拓宽学生专业视野，提升专业素养，增强学生对医药专业的认同感。

　　本教材包括物质的量和气体摩尔体积、溶液、化学反应速率与化学平衡、电解质溶液、氧化还原反应与原电池、物质结构和元素周期律、常见无机物等内容，设有"学习目标""任务引入""案例分析""趣味学习""课堂练习""知识链接""知识回顾""目标检测"等模块，增强了教材内容的指导性、可读性和趣味性，能更好地培养学生学习的自觉性和主动性，提升学生学习能力。

　　本教材由倪汀、钱惠菊担任主编，何爱英、常玉担任副主编，具体编写分工如下：第一章由钱惠菊编写；第二章由何爱英、付灵君编写；第三章由陈莎编写；第四章由倪汀、钱惠菊编写；第五章由张懿博编写；第六章由徐超编写；第七章由常玉编写。全书由主编、副主编修改，倪汀统稿。浙江省食品药品检验研究院陶巧凤副院长、常州四药制药有限公司质量中心申聪云主任担任本书主审。

　　本教材在编写过程中得到了各位编者所在院校的大力支持，在此致以衷心感谢，并对本教材所引用文献资料的原作者、原编者表示衷心感谢。

　　鉴于编者水平和经验所限，疏漏和不足之处在所难免，恳请专家、同行及使用本教材的广大师生批评指正。

编者

2023 年 1 月

目　录

第一章

物质的量和气体摩尔体积

物质由大量肉眼看不到的微观粒子（分子、原子、离子等）组成，物质之间的化学反应则是按照一定数目的分子、原子或离子重新组合而进行的。为了在物质及其变化的定量研究中，建立起物质的微粒（微观）与可观察的物理量（宏观）之间的联系，在1971年第14届国际计量大会上决定增加物质的量单位——摩尔（mol）作为国际单位制中第七个基本单位。

§1-1　物质的量

 学习目标

1. 掌握物质的量的概念、单位，摩尔的定义、符号，摩尔质量的含义、单位，物质的量的计算以及物质的量在化学方程式计算中的应用。

2. 熟悉阿伏伽德罗常数的概念。

3. 了解国际单位制的基本单位。

【任务引入】

据有关资料统计，10亿人数一滴水（如图1-1所示）里的水分子数目，如果每人每分钟数100个，日夜不停，则需要3万多年才能数完。可见，宏观的量用微观表示数值非常巨大，使用十分不方便！

图1-1　一滴水

问题 能否在宏观（可测）量与微观量之间建立一个物理量和单位，用合适的数值表示数目很大的微观粒子？

一、物质的量及其单位——摩尔

【趣味学习】

在日常生活中，以下物体我们肉眼可见。如图1-2所示，人们常用什么量词来计量这些宏观物体的数目？

一（　）苹果　　一（　）玫瑰（12支）　　一（　）米　　一（　）复印纸（500张）

图1-2　宏观物体数量的表示方法

观察与思考 生活中人们可以用（　　）描述物体的长短，用（　　）表述光阴的流逝，用（　　）衡量物体的轻重。

长度、时间、质量都属于物理量，它们可以计量宏观物体的不同属性。在微观世界里，如分子、原子、离子和电子等微观粒子，肉眼无法分辨，要计量微观粒子的数目，就需要一个物理量，把无法分辨的微观粒子与宏观可见的物体联系起来，这个物理量就是"物质的量"。

物质的量是表示物质所含结构粒子数目多少的物理量，用符号"n"来表示，它和其他物理量如长度、时间、质量一样，是一个整体名词，有自己的单位，单位是"摩尔"（简称摩，符号为"mol"）。

第14届国际计量大会通过物质的量单位——摩尔的定义是：摩尔是一系统的物质的量，该系统中所包含的结构粒子数与0.012 kg ^{12}C 的原子数目相等。根据摩尔的定义可知，0.012 kg ^{12}C 中所含碳原子的数目就是1 mol。1 mol 某种微粒集合体中所含有的结构粒子数与0.012 kg ^{12}C 中所含的原子数相同。

课堂练习1-1

已知一个 ^{12}C 原子的质量为 1.993×10^{-26} kg，问 0.012 kg ^{12}C 中含有多少个碳原子？

计算可知 0.012 kg ^{12}C 中所含碳原子个数为 6.02×10^{23}，这个数称为阿伏伽德罗常数，用 N_A 表示，因此 1 mol 是 6.02×10^{23} 个结构粒子的集合体，如图1-3所示。

0.012 kg ^{12}C　　　　6.02×10^{23}个碳原子

图 1 – 3　1 mol 粒子集合体

例如：

1 mol 水含有 6.02 × 10^{23} 个水分子，6.02 × 10^{23} 个水分子的物质的量是 1 mol；

1 mol 氧气含有 6.02 × 10^{23} 个氧气分子，6.02 × 10^{23} 个氧气分子的物质的量是 1 mol；

1 mol 铁含有 6.02 × 10^{23} 个铁原子，6.02 × 10^{23} 个铁原子的物质的量是 1 mol。

即 1 mol 任何物质所含有的结构粒子数是相同的。

物质的量（n）、阿伏伽德罗常数（N_A）与结构粒子数（N）之间的关系式为：

$$n = \frac{N}{N_A} \tag{1-1}$$

在使用摩尔时必须指明结构粒子，它可以是分子、原子、离子、电子及其他粒子，或这些粒子的特定组合。如 1 mol 氧原子含有 6.02 × 10^{23} 个氧原子，而 1 mol 氧气含有 6.02 × 10^{23} 个氧气分子，由于 1 个氧分子含有 2 个氧原子，故 1 mol 氧气含有 2×6.02 × 10^{23} 个氧原子。

【知识链接】

阿伏伽德罗常数的由来

阿莫迪欧·阿伏伽德罗（1776 年 8 月 9 日—1856 年 7 月 9 日），意大利物理学家、化学家。他在化学上的重大贡献是建立分子学说，且他对 6.02 × 10^{23} 这个数据的得出有着很大的贡献。为了纪念阿伏伽德罗的伟大功绩，将 0.012 kg ^{12}C 中所含的 C 原子数目称为阿伏伽德罗常数。

阿伏伽德罗

例 1 – 1　1 mol H_2SO_4 中含有多少个 H_2SO_4 分子？其中 H 原子有多少个？O 原子有多少个？SO_4^{2-} 离子又有多少个？

解： 1 mol H_2SO_4 中含有 6.02 × 10^{23} 个 H_2SO_4 分子。由于 1 个 H_2SO_4 分子中含有 2 个 H 原子、4 个 O 原子、1 个 SO_4^{2-} 离子，所以 1 mol H_2SO_4 含有 2 × 6.02 × 10^{23} 个 H 原子、4 × 6.02 × 10^{23} 个 O 原子、1 × 6.02 × 10^{23} 个 SO_4^{2-} 离子。

例 1 – 2　1 mol H_2SO_4 中含有多少摩尔 H 原子？多少摩尔 O 原子？多少摩尔 SO_4^{2-} 离子？

解： 1 mol H_2SO_4 中含有 6.02 × 10^{23} 个 H_2SO_4 分子。由于 1 个 H_2SO_4 分子中含有 2 个 H 原子、4 个 O 原子、1 个 SO_4^{2-} 离子，所以 1 mol H_2SO_4 含有 2 × 6.02 × 10^{23} 个 H 原子，即 2 mol H 原子；含有 4 × 6.02 × 10^{23} 个 O 原子，即 4 mol O 原子；含有 1 × 6.02 × 10^{23} 个 SO_4^{2-} 离子，

即 1 mol SO_4^{2-} 离子。

因此，1 mol 物质中原子（或离子）摩尔数等于 1 分子物质中原子（或离子）数。

课堂练习 1-2

1. 请计算：

（1）0.5 mol H_2 中的氢气分子数是＿＿＿＿＿＿＿＿＿；

（2）1 mol NaCl 中的氯离子数是＿＿＿＿＿＿＿＿＿；

（3）1 mol H_2SO_4 中的氧原子数是＿＿＿＿＿＿＿＿＿；

（4）1.204×10^{24} 个水分子的物质的量是＿＿＿＿＿＿＿；

（5）9.03×10^{23} 个铁原子的物质的量是＿＿＿＿＿＿＿。

2. 0.5 mol H_3PO_4 中含有多少个 H_3PO_4 分子？其中 H 原子多少个？P 原子多少个？O 原子多少个？PO_4^{3-} 离子多少个？

3. 2 mol H_3PO_4 中含有多少摩尔 H 原子？多少摩尔 P 原子？多少摩尔 O 原子？多少摩尔 PO_4^{3-} 离子？

【知识链接】

国际单位制的基本单位

国际单位制（SI）中单位分成 3 类：基本单位、导出单位和辅助单位。基本单位共有 7 个（见表 1-1）。

表 1-1　　　　　　　　　　国际单位制基本单位

物理量	单位名称	单位符号
长度	米	m
质量	千克	kg
时间	秒	s
电流	安［培］	A
热力学温度	开［尔文］	K
物质的量	摩［尔］	mol
发光强度	坎［德拉］	cd

二、摩尔质量

1 mol 分子、原子、离子、电子等所含的微粒数目相同，但由于不同微粒的质量一般不同，所以 1 mol 不同物质的质量通常也不同，如图 1-4 所示。例如：

1 mol 铁原子的质量为 56 g；

1 mol 硫酸的质量为 98 g；

1 mol Na^+ 的质量为 23 g；

1 mol Cl^- 的质量为 35.5 g。

| 1 mol C原子 | 1 mol 铝原子 | 1 mol 干冰 |
| 12 g | 27 g | 44 g |

图 1-4 几种 1 mol 物质的质量

我们把 1 mol 物质的质量称为该物质的摩尔质量，用符号 M 表示，常用单位是克/摩尔（g/mol）。由摩尔的定义可知，1 mol 碳即 6.02×10^{23} 个碳原子的质量是 0.012 kg，即碳的摩尔质量是 12 g/mol。由于元素的相对原子质量是以一个 ^{12}C 原子质量的 1/12 作为基准，其他元素原子的质量与它相比较所得的数值，因此不同元素原子质量之比即等于它们的相对原子质量之比。而 1 mol 不同元素所含有的原子个数是相同的，所以不同元素的摩尔质量之比等于它们的相对原子质量之比。例如，C 的相对原子质量为 12，摩尔质量为 12 g/mol，而 S 的相对原子质量是 32，则摩尔质量就是 32 g/mol。由此可以得出结论：任何元素原子的摩尔质量以 g/mol 为单位时，数值上等于该元素的相对原子质量。这种关系可以推广到分子、离子等微粒。例如：

Fe 的相对原子质量是 56，则 Fe 的摩尔质量是 56 g/mol；

H_2O 的相对分子质量是 18，则 H_2O 的摩尔质量是 18 g/mol；

H_2SO_4 的相对分子质量是 98，则 H_2SO_4 的摩尔质量是 98 g/mol；

1 mol H^+ 的质量是 1 g；

1 mol SO_4^{2-} 的质量是 96 g。

物质的量（n）、物质的质量（m）和摩尔质量（M）之间的关系式为：

$$n = \frac{m}{M} \tag{1-2}$$

根据这个关系式可以进行某物质的物质的量及其质量之间的换算。

例 1-3 483 g $Na_2SO_4 \cdot 10H_2O$ 中所含 Na^+ 和 SO_4^{2-} 的物质的量各是多少？所含水分子的数目是多少？

解：$Na_2SO_4 \cdot 10H_2O$ 的相对分子质量为 322，摩尔质量为 322 g/mol。

$$n_{(Na_2SO_4 \cdot 10H_2O)} = \frac{m_{(Na_2SO_4 \cdot 10H_2O)}}{M_{(Na_2SO_4 \cdot 10H_2O)}} = \frac{483}{322} = 1.5 \text{ mol}$$

则：

$$n_{Na^+} = 1.5 \times 2 = 3 \text{ mol}$$

$$n_{SO_4^{2-}} = 1.5 \text{ mol}$$

$$n_{H_2O} = 1.5 \times 10 = 15 \text{ mol}$$

所含水分子的数目是 $N_{H_2O} = 15 \times 6.02 \times 10^{23} = 9.03 \times 10^{24}$ 个

答：483 g $Na_2SO_4 \cdot 10 H_2O$ 中所含 Na^+ 的物质的量为 3 mol，SO_4^{2-} 的物质的量为 1.5 mol，水分子的数目为 9.03×10^{24} 个。

课堂练习 1-3

请参考例 1-3 的解题方式，完成下列计算：

1. 9.8 g H_2SO_4 的物质的量；
2. 5.3 g Na_2CO_3 的物质的量；
3. 0.25 mol H_2SO_4 的质量；
4. 2.0 mol H_2O 的质量。

三、物质的量的计算

物质的量、质量及粒子数三者之间转换关系式为：

$$质量(m) \underset{\times M}{\overset{\div M}{\rightleftharpoons}} 物质的量(n) \underset{\div N_A}{\overset{\times N_A}{\rightleftharpoons}} 粒子数(N)$$

从上述关系式可以看出："物质的量"把微观世界的粒子数和宏观物体的质量联系起来了。

例 1-4 求 128 g 硫的物质的量是多少？（已知硫的摩尔质量 $M = 32$ g/mol）

解：
$$m = 128 \text{ g}, \quad M = 32 \text{ g/mol}$$

则
$$n = \frac{m}{M} = \frac{128}{32} = 4 \text{ mol}$$

答：128 g 硫的物质的量是 4 mol。

例 1-5 计算 22 g CO_2 中含有多少个 CO_2 分子？（已知 CO_2 的摩尔质量 $M = 44$ g/mol）

解：
$$m = 22 \text{ g}, \quad M = 44 \text{ g/mol}$$

则
$$n = \frac{m}{M} = \frac{22}{44} = 0.5 \text{ mol}$$

$$N = 0.5 \times 6.02 \times 10^{23} = 3.01 \times 10^{23} \text{ 个}$$

答：22 g CO_2 中含有 3.01×10^{23} 个 CO_2 分子。

例 1-6 多少克 H_2 含有的氢气分子数与 32 g O_2 含有的氧气分子数相等？

解：
$$M_{H_2} = 2 \text{ g/mol}, \quad m_{O_2} = 32 \text{ g}, \quad M_{O_2} = 32 \text{ g/mol}$$

$$n_{O_2} = \frac{m_{O_2}}{M_{O_2}} = \frac{32}{32} = 1 \text{ mol}$$

$$n_{H_2} = n_{O_2} = 1 \text{ mol}$$

则
$$m_{H_2} = n_{H_2} \times M_{H_2} = 1 \text{ mol} \times 2 \text{ g/mol} = 2 \text{ g}$$

答：2 g H_2 含有的氢气分子数与 32 g O_2 含有的氧气分子数相等。

课堂练习 1 −4

1. 计算 2 mol NaOH 的质量是多少？（已知 NaOH 的摩尔质量 $M = 40$ g/mol）

2. 多少克硫酸里含有的硫酸分子数与 90 g 水里含有的水分子数相等？

四、物质的量在化学反应方程式计算中的应用

有关化学方程式的计算，我们在初中就已经很熟悉了，知道化学反应中各反应物和生成物的质量之间符合一定的关系。经过上述内容的学习，我们又知道构成物质的结构粒子数与物质的质量之间可用物质的量做桥梁联系起来。既然化学反应中各物质的质量之间符合一定的关系，那么，化学反应中构成各物质的结构粒子数之间、物质的量之间是否也遵循一定的关系？能不能把物质的量也运用于化学方程式的计算？

观察下列反应方程式及各物质间的关系：

	$2H_2$	$+$	O_2	$\Longrightarrow$	$2H_2O$
化学计量系数之比	2	:	1	:	2
分子数之比	2	:	1	:	2
扩大 6.02×10^{23} 倍	$2 \times 6.02 \times 10^{23}$		$1 \times 6.02 \times 10^{23}$		$2 \times 6.02 \times 10^{23}$
物质的量之比	2 mol	:	1 mol	:	2 mol

根据上面比例关系，我们可以得出以下结论：化学反应方程式中反应物和生成物前面的系数比代表反应物和生成物之间的原子、分子等微粒数的比值，也等于它们物质的量之比。

应用物质的量来表示化学方程式中各物质的化学计量系数比值，会给化学方程式的有关计算带来很大方便。解题步骤如下：

1. 转   将已知物理量转化为物质的量；

2. 写   写出正确的化学方程式；

3. 标   在有关物质的化学式下面标出已知量和未知量的物质的量；

4. 列   列出比例式；

5. 解   根据比例式求解；

6. 答   写出简明答案。

例 1 −7   把 6.5 g Zn 放入足量盐酸中，Zn 完全反应。

计算：（1） 6.5 g Zn 的物质的量；

（2） 参与反应的 HCl 的物质的量；

（3） 生成氢气的质量。

解：
$$n_{Zn} = \frac{m}{M} = \frac{6.5 \text{ g}}{65 \text{ g/mol}} = 0.1 \text{ mol}$$

$$Zn \quad + \quad 2HCl \Longrightarrow ZnCl_2 \quad + \quad H_2 \uparrow$$

系数之比　　　　1　　　　　　2　　　　　　　　　1

物质的量之比　0.1　　　　　n_{HCl}　　　　　　　　n_{H_2}

$$\frac{1}{0.1} = \frac{2}{n_{HCl}} \qquad\qquad \frac{1}{0.1} = \frac{1}{n_{H_2}}$$

$$n_{HCl} = 0.2 \text{ mol} \qquad\qquad n_{H_2} = 0.1 \text{ mol}$$

$$m_{H_2} = 0.1 \text{ g} \times 2 \text{ mol/g} = 0.2 \text{ g}$$

答：Zn 的物质的量为 0.1 mol，参与反应的 HCl 的物质的量是 0.2 mol，生成氢气的质量为 0.2 g。

例 1-8　实验室用铁与稀盐酸反应制取氢气，得到氢气 0.4 g，计算需要质量分数 37% 的稀盐酸多少克?

解：设需要质量分数 37% 的稀盐酸 m g。

$$n_{H_2} = \frac{0.4}{2} = 0.2 \text{ mol}$$

$$Fe \quad + \quad 2HCl \Longrightarrow FeCl_2 \quad + \quad H_2 \uparrow$$

系数之比　　　　　　　2　　　　　　　　　　1

物质的量之比　　　n_{HCl}　　　　　　　　　　0.2

$$\frac{2}{n_{HCl}} = \frac{1}{0.2}$$

$$n_{HCl} = 0.4 \text{ mol}$$

$$m \times 37\% = 0.4 \times 36.5$$

$$m = 39.46 \text{ g}$$

答：需要质量分数 37% 的稀盐酸 39.46 g。

课堂练习 1-5

完全中和 80 g NaOH 需要质量分数 98% 的浓硫酸多少克?

---

§1-2　气体摩尔体积

 学习目标

1. 掌握气体摩尔体积与物质的量的关系、阿伏伽德罗定律的应用。

2. 熟悉摩尔体积的概念。

3. 了解影响气体、液体和固体体积的因素。

【任务引入】

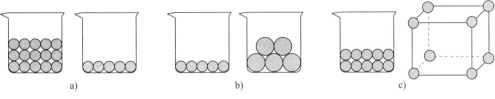

图 1-5　微观结构示意图

思考　观察以上 3 幅物质微观结构对比示意图（如图 1-5 所示），请大家尝试猜想物质的体积与哪些因素有关？

在日常生活中，我们可以看到的宏观物质具有不同的聚集状态，如气态、液态和固态。同一种物质在不同的温度和压强下也可呈现不同的聚集状态，这些状态生动地反映了世界的多样性。

在固态、液态、气态物质中，微粒的运动方式、微粒之间的距离是不同的。不同聚集状态的物质微观结构上的差异导致了物质性质的不同，见表 1-2 和图 1-6。

表 1-2　　　　　　　　　　不同聚集状态物质的微观结构与宏观性质

聚集状态	微观结构	微粒的运动方式	宏观性质
固态	微粒排列紧密，微粒间的空隙较小	在固定位置上振动	有固定形状，几乎不能被压缩
液态	微粒排列较紧密，微粒间的空隙较小	可以自由移动	没有固定形状，不易被压缩
气态	微粒间的距离较大	可以自由移动	没有固定形状，容易被压缩

图 1-6　不同聚集状态物质的微观结构

我们已经知道：1 mol 任何微粒的集合体所含的微粒数目都相同，但 1 mol 不同物质的质量往往不同。那么，1 mol 不同物质的体积是否相同？

【趣味学习】

已知下列物质的密度，试计算 1 mol 这些物质的体积，将结果填入表 1-3。

表 1-3　　　　　　　　　　　　1 mol 不同物质的体积

物质	摩尔质量/（g/mol）	密度	1 mol 物质的体积/L
Al	26.98	2.70 g/cm³	
Fe	55.85	7.86 g/cm³	
H_2O	18.02	0.988 g/cm³	
C_2H_5OH	46.07	0.789 g/cm³	
H_2	2.016	0.089 9 g/L	
N_2	28.02	1.25 g/L	
CO	28.01	1.25 g/L	

说明：1. 固体、液体密度均为 293.15 K 时的测定值，气体密度为 1.013×10^5 Pa、273.15 K 时的测定值。

2. K（开尔文，简称开），是国际单位制中热力学温度（T）的单位，该温度与摄氏温度的关系为：$T(K) = 273.15 + t(℃)$

思考　影响物质体积的因素有哪些？请结合这些因素尝试对以上计算结果作出解释。

一、气体摩尔体积

在一定温度和压强下，1 mol 物质的体积称为该物质的摩尔体积，用符号 V_m 表示，单位为 cm³/mol（固态或液态物质摩尔体积的单位）、L/mol（气态物质摩尔体积的单位）。根据摩尔体积的定义，可知：

$$V_m = \frac{V}{n} \tag{1-3}$$

摩尔体积的大小，取决于构成物质微粒的大小和微粒之间的距离。任何 1 mol 固态物质或液态物质所含的微粒数相同，微粒之间的距离很小，且微粒的大小不同，所以 1mol 固态物质或液态物质的体积往往是不同的，如图 1-7、图 1-8 所示。

1 mol 铁（7.2 cm³）　　1 mol 铝（10 cm³）　　1 mol 铅（18.3 cm³）

图 1-7　1 mol 不同固体的体积

任何 1 mol 气态物质所含的微粒数相同。虽然微粒的大小不同，但微粒之间的距离要比

1 mol 水（18 cm³）　　　　　　1 mol 硫酸（53.6 cm³）

图 1 - 8　1 mol 不同液体的体积

微粒本身的直径大很多倍，所以，1 mol 气态物质的体积主要取决于气态物质中微粒之间的距离。这种距离与外界的温度、压强有密切关系。实验证明：在相同状况（同温同压）下，不同气体分子间的平均距离几乎都是相同的。所以，在相同状况（同温同压）下，相同体积的任何气体都含有相同数目的分子（物质的量相等），这就是阿伏伽德罗定律。

大量的实验数据表明：在标准状况（0 ℃、101.3 kPa）下，1 mol 任何气体所占有的体积都约为 22.4 L，这个体积称为气体摩尔体积，记作 $V_m = 22.4$ L/mol。

二、关于气体摩尔体积的计算

气体的物质的量 n、气体的体积 V 和气体摩尔体积 V_m 之间的关系式为：

$$n = \frac{V}{V_m} \tag{1-4}$$

例 1 - 9　据估算，成人在平静呼吸时，每小时呼出 CO_2 约 11.2 L（标准状况下），求每小时呼出 CO_2 的质量是多少？

解：在标准状况（0 ℃、101.3 kPa）下，$V_m = 22.4$ L/mol，$M = 44$ g/mol

$$n = \frac{V}{V_m} = \frac{11.2}{22.4} = 0.5 \text{ mol}$$

$$m = 0.5 \times 44 = 22 \text{ g}$$

答：成人在平静呼吸时每小时呼出 CO_2 的质量是 22 g。

例 1 - 10　计算在标准状态下制取 44.8 L 氢气，需要多少克锌与足量盐酸反应？

解：
$$n_{H_2} = \frac{V}{V_m} = \frac{44.8}{22.4} = 2 \text{ mol}$$

$$Zn \quad + \quad 2HCl =\!=\!= ZnCl_2 \quad + \quad H_2 \uparrow$$

系数之比　　　　1　　　　　　　　　　　　　　1

物质的量之比　n_{Zn}　　　　　　　　　　　　　2

$$\frac{1}{n_{Zn}} = \frac{1}{2}$$

$$n_{Zn} = 2 \text{ mol}$$

$$m_{Zn} = 2 \times 65 = 130 \text{ g}$$

答：需要 130 g 锌与足量盐酸反应。

课堂练习 1-6

标准状况下，2.2 g CO_2 的体积是多少升？

实训一 安全教育

一、实训目的

1. 理解

实验室学生守则、实验室安全守则、实验室事故处理及灭火常识。

2. 应用

洗眼器、紧急喷淋装置的使用。

二、器材准备

洗眼器、喷淋装置等。

三、实训内容与步骤

1. 实验室学生守则

（1）实验前学生必须做好预习，指导教师和实验室工作人员要进行检查，没有预习的学生不准参加本次实验。

（2）不允许将食物带入实验室，进入实验室要保持安静，禁止喧哗。

（3）听从指导教师和实验室工作人员的安排，严格遵守操作规程，不许随便乱动仪器设备。如发现仪器工作不正常，要及时报告指导教师。

（4）实验时要严肃认真，实验数据要求准确，并将记录数据交给老师检查、批阅。电学实验时，必须经过教师检查线路后方能接通电源开始测量。

（5）实验完毕，要将仪器、设备、工具整理好，工作台面、桌面收拾干净，盖上仪器罩，并协助实验室搞好清洁卫生。

（6）对实验结果进行分析、整理和计算时，一律用实验报告纸书写，按要求完成实验报告。

（7）实验中仪器、试剂一律不准带出实验室。

2. 实验室安全守则

（1）了解实验室环境，熟悉水、电、煤气阀门，灭火器材、沙箱以及急救药箱的放置地点和使用方法，并妥善爱护。安全用具和急救药箱不得转移他用。

（2）实验进行时，不得离开岗位，注意观察反应进行时的情况，以及装置有无漏气及破裂等现象。

（3）当进行有可能发生危险的实验时，要根据实际情况采取必要的安全措施，如戴防护眼镜、面罩或橡皮手套等。

（4）使用易燃易爆药品时，应远离火源。

（5）实验结束后要及时洗手，离开实验室前，仔细检查水、电、煤气阀门是否关闭。

3. 洗眼器、紧急喷淋装置的使用

当实验室发生有毒腐蚀性物质（酸、碱、有机毒物等）喷溅到躯体、脸、眼睛或发生火灾引起人员衣物着火时，通过洗眼器、紧急喷淋装置（如图1-9、图1-10所示）的快速和有效冲洗、喷淋，可使危害减轻到最低程度，从而保障人员安全。

但是洗眼器和喷淋装置只用于紧急情况下暂时缓解有害物质对身体的伤害，进一步的处理和治疗需要遵从医生的指导。

图1-9　洗眼器

图1-10　紧急喷淋装置

（1）洗眼器的使用

1）准备。取下洗眼器的防尘盖，站立好位置，如图1-11所示。

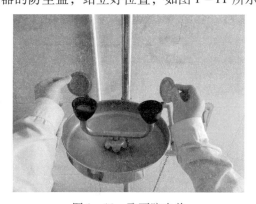
图1-11　取下防尘盖

洗眼器水压情况判断：

①水压过低及情况处理。打开洗眼器，出现水压过低时（如图1-12所示），需要检查进水管道是否通畅，使用者将手推柄开启至最大限度。

图1-12　洗眼器水压过低

②水压过高及情况处理。打开洗眼器，出现水压过高时（如图1-13所示），使用者无须将开关开到最大限度，手推柄开启至45°～60°角即可。

图1-13　洗眼器水压过高

③水压正常。洗眼器喷头以12～18 L/min从冲眼喷头以柔和泡沫式雾状水流流出，如图1-14所示。

图1-14　洗眼器水压正常

2）洗眼操作。眼睛靠近洗眼器的出水口，用手指撑开眼帘，同时打开阀门冲洗眼睛，冲洗时间最少为 15 min，如图 1 – 15 所示。

图 1 – 15 洗眼操作

3）结束工作。冲洗完关闭阀门，盖上防尘盖，如仍感不适，立即就医，如图 1 – 16 所示。

图 1 – 16 结束工作

（2）紧急喷淋装置的使用

1）准备。紧急喷淋装置用于全身淋洗。使用者脱去污染衣物，站在喷头下方。

2）冲淋。拉下阀门拉手，即可出水，如图 1 – 17 所示。连续冲洗时间不得少于 15 min。

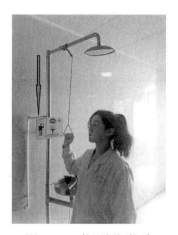

图 1 – 17 拉下阀门拉手

3）结束。上推阀门拉手，使水关闭，如图1-18所示。

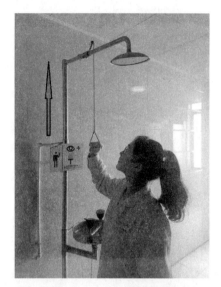

图1-18　上推阀门拉手

4. 灭火常识

着火是化学实验室，特别是有机化学实验室里最容易发生的事故。有效防范是我们应该采取的最积极的态度，同时也应该具备灭火的常识。

（1）如何报警

发现火情要立即拨打"119"火警电话报警，讲明起火的详细地址、火势情况，留下报警人电话和姓名，派人到路口指挥消防车进入火场。

（2）边报警，边扑救

在报警的同时要及时扑灭初起之火。火灾通常要经过发展阶段，最后到下降和熄灭阶段的发展过程。初起的火灾由于燃烧面积小，燃烧强度低，辐射热量少，是扑救的最佳时机。这种初起火灾一经发现，只要不错过时机，可以用很少的灭火器材，如用一桶黄沙、一只灭火器或少量水就可以扑灭。因此，就地取材、不失时机地扑灭初起火灾是尤为重要的。

（3）先控制，后灭火

在扑救可燃气体、液体火灾时，应首先切断可燃物的来源，然后争取灭火一次成功。如果在未切断可燃气体、液体来源的情况下，急于求成，盲目灭火，则是一种十分危险的做法。

常用的灭火措施有以下几种，使用时要根据火灾的轻重、燃烧物的性质、周围环境现有条件进行选择。

1）石棉布适用于小火。用石棉布盖上以隔绝空气，就能灭火。如果火很小，用湿抹布盖上就行。

2）干沙土一般装于沙箱内，只要抛撒在着火物体上就可灭火。适用于不能用水扑救的燃烧，但对火势很猛、面积很大的火焰效果欠佳。

3）水是常用的救火物质。它能使燃烧物的温度下降，但一般有机物着火不适用，因溶剂与水不相溶，且比水轻，水浇上去后，溶剂漂在水面上，扩散开来继续燃烧。溶剂着火时，先用泡沫灭火器把火扑灭，再用水降温是有效的救火方法。

4）泡沫灭火器是实验室常用的灭火器材。使用时，把灭火器倒过来，往火场喷，由于它生成二氧化碳及泡沫，使燃烧物与空气隔绝而灭火，适用于除电气设备起火外的灭火。

5）二氧化碳灭火器。在小钢瓶中装入液态二氧化碳，救火时它不损坏仪器，不留残渣，对于通电的仪器也可以使用。

6）四氯化碳灭火器。四氯化碳不燃烧，也不导电，对电气设备引起的火灾具有较好的灭火作用。

7）石墨粉。当钾、钠或锂着火时，不能用水、泡沫灭火器、二氧化碳灭火器等灭火，可用石墨粉扑灭。

（4）防中毒、防窒息

许多化学物品燃烧时会产生有毒烟雾，如使用的灭火剂不当，也会产生有毒或剧毒气体，很容易发生人员中毒。大量烟雾或使用二氧化碳等窒息法灭火时，火场附近空气中氧含量降低可能引起窒息。

因此，扑救火灾时应特别注意防中毒、防窒息。在扑救有毒物品时要正确选用灭火剂，以避免产生有毒或剧毒气体。扑救时应尽可能站在上风向，必要时要佩戴面具，以防发生中毒或窒息。

5. 化学实验室事故处理

（1）割伤

若一般轻伤，应及时挤出污血，在伤口处涂上红药水或甲紫药水，并用纱布包扎。伤口内若有玻璃碎片或污物，先用消毒过的镊子取出，用生理盐水清洗伤口，再用3% H_2O_2 消毒，然后涂上红药水，撒上消炎药，并用绷带包扎。若伤口过深、出血过多时，可用云南白药止血或扎止血带，送往医院救治。

（2）烫伤

在烫伤处抹上烫伤膏或万花油，或用高锰酸钾或苦味酸涂于烫伤处，再抹上凡士林、烫伤膏。若烫伤后起泡，要注意不要挑破水泡。

（3）酸烧伤

先用干布蘸干，再用饱和碳酸氢钠溶液或稀氨水冲洗，最后用水冲洗。若酸液溅入眼睛内，则应立即用大量细水流长时间冲洗，再用2% 硼砂溶液冲洗，最后用蒸馏水冲洗（有条件可用洗眼器冲洗）。冲洗时，避免用水流直射眼睛，也不要揉搓眼睛。

（4）碱烧伤

先用大量水冲洗，再用2% 醋酸溶液冲洗，最后用水冲洗。若碱液溅入眼睛内，则应立即用大量细水流长时间冲洗，再用3% 硼酸溶液冲洗，最后用蒸馏水冲洗。

（5）白磷灼伤

用1%硫酸铜或高锰酸钾溶液冲洗伤口，再用水冲洗。

（6）吸入有毒气体

吸入硫化氢气体时，应立即到室外，呼吸新鲜空气；吸入氯气、氯化氢气体时，可吸入少量乙醇和乙醚混合蒸气解毒；吸入溴蒸气时，可吸入氨气和新鲜空气解毒。

四、实训测评

1. 如何正确使用洗眼器和紧急喷淋装置？

2. 对于初起火灾，应该采取什么措施？

3. 查阅资料，了解灭火器的种类并写出灭火器的使用方法。

知识回顾

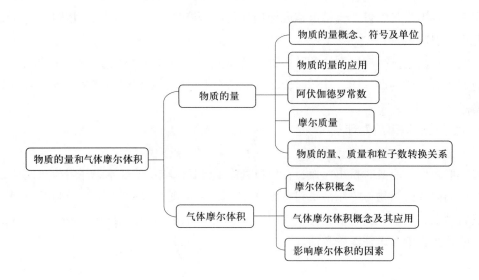

目标检测

一、单项选择题

1. 1 mol 氢气含有（　　　）。

A. 2 个氢气分子　　　　　　　　　　B. 6.02×10^{23} 个氢气分子

C. 2 个氢原子　　　　　　　　　　D. 6.02×10^{23} 个氢原子

2. CO 的摩尔质量是（　　）。

A. 28　　　　　B. 44　　　　　C. 28 g　　　　　D. 28 g/mol

3. 1 mol CO_2 中含有（　　）mol O 原子。

A. 1　　　　　B. 2　　　　　C. 6.02×10^{23}　　　　　D. $2 \times 6.02 \times 10^{23}$

4. （　　）mol H_3PO_4 含有 6.02×10^{23} 个 O 原子。

A. 1　　　　　B. 2　　　　　C. 0.5　　　　　D. 0.25

5. 下列各组物质中，分子数相同的是（　　）。

A. 1 g 氧气和 1 g 氢气　　　　　　B. 18 g 水和 1 mol 氮气

C. 44 g 二氧化碳和 1 g 氢气　　　　D. 8 g 氧气和 1 g 氢气

6. 3 mol 碳原子的质量是（　　）。

A. 28 g　　　　　B. 12 g　　　　　C. 36 g　　　　　D. $2 \times 6.02 \times 10^{23}$ g

7. 1 g 下列各种物质，原子数最多的是（　　）。

A. Na　　　　　B. Fe　　　　　C. Al　　　　　D. Mg

8. 某二价金属的相对原子质量是 50，则其硫酸盐的摩尔质量是（　　）。

A. 176 g/mol　　　　B. 146 g/mol　　　　C. 138 g/mol　　　　D. 272 g/mol

9. 含有相同氧原子数的 CO_2 和 CO 的物质的量之比是（　　）。

A. 1∶1　　　　　B. 1∶2　　　　　C. 2∶3　　　　　D. 2∶1

10. 下列说法正确的是（　　）。

A. 标准状况下，1 mol 水的体积是 22.4 L

B. 1 mol H_2 所占的体积一定是 22.4 L

C. 标准状况下，N_A 个分子所占的体积约为 22.4 L

D. 标准状况下，28 g N_2 和 CO 混合气体，体积约为 22.4 L

11. 标准状况下，若 2.8 L O_2 含有 n 个 O_2 分子，则阿伏伽德罗常数为（　　）。

A. $\dfrac{n}{8}$　　　　　B. $\dfrac{n}{16}$　　　　　C. $16n$　　　　　D. $8n$

12. 在相同条件下，22 g 下列气体中和 22 g CO_2 的体积相等的是（　　）。

A. N_2O　　　　　B. N_2　　　　　C. SO_2　　　　　D. CO

13. 标准状况下，下列物质的体积最大的是（　　）。

A. 98 g H_2SO_4　　　　　　B. 6.02×10^{23} 个 CO_2 分子

C. 44.8 L 气体　　　　　　D. 6 g H_2

14. 在相同的条件下，两种物质的量相同的气体必然（　　）。

A. 体积均为 22.4 L　　　　　　B. 是双原子分子

C. 具有相同的体积　　　　　　D. 具有相同的原子数目

二、填空题

1. 1 mol 水中有_____个 H_2O 分子，1.204×10^{24} 个水分子的物质的量为_____ mol。

2. 5 mol CO_2 与 8 mol 的 SO_2 的分子数之比是_____；原子数之比是_____；其中氧原子数之比是_____。

3. 4.5 g 水与_____g 硫酸所含的分子数相等，它们所含氧原子数之比是_____，其中氢原子数之比是_____。

4. 标准状况下，0.5 mol 任何气体的体积都约为_____。

5. 2 mol O_3 和 3 mol O_2 的质量（相等、不相等或无法判断）_____；分子数之比为_____；含氧原子的数目之比为_____；在相同条件下的体积比为_____。

6. 0.01 mol 某气体的质量为 0.44 g，该气体的摩尔质量是_____；标准状况下，该气体的密度是_____。

三、判断题

1. 摩尔是一个基本物理量。 （　　）

2. 不同温度下，同种物质的摩尔质量是不同的。 （　　）

3. 1 mol 任何物质都含有 6.02×10^{23} 个分子。 （　　）

4. 22 g CO_2 中含有的氧原子数为 N_A。 （　　）

5. 标准状况下，H_2 和 N_2 的摩尔体积为 22.4 L/mol。 （　　）

6. 标准状况下，1 mol 氧气和 1 mol 氢气的体积相同，含有的原子数也相等。 （　　）

7. 标准状况下，CO 和 CO_2 气体的体积比是 3:1，则它们的质量之比是 1:3。 （　　）

8. 含有阿伏伽德罗常数个粒子的物质就是 1 mol。 （　　）

四、简答题

1. 什么是物质的量、摩尔质量、摩尔体积？

2. 什么是阿伏伽德罗定律？

3. 化学实验室常用的灭火措施有哪些？如何进行选择？

4. 如何处理化学实验室常见事故？

五、综合题

1. 11.1 g 氯化钙和 13.6 g 氯化锌的混合物溶于水，加入足量的硝酸银，生成沉淀的物质的量是多少？质量是多少？

2. 要制取 4 g 氢气，需要用多少克锌与足量的稀硫酸反应？

第二章

溶 液

溶液是指一种或几种物质分散到另一种物质中，形成的均一、稳定的混合物。一般把能溶解其他物质的物质叫作溶剂，被溶解的物质叫作溶质。生活中碘酒、盐水、糖水、汽水、啤酒、白醋等都是溶液。溶液对动植物的生理活动和人类的生产、科研活动具有很重要的意义。本章应了解分散系的概念，熟悉溶胶的性质，掌握物质的量浓度、质量分数、质量浓度、体积分数、溶解平衡、溶解度的概念和运用。

§2-1 分散系

 学习目标

1. 掌握溶胶的性质。
2. 熟悉分散系的概念和分类。
3. 了解分子（或离子）分散系、粗分散系和胶体分散系三者的区别。

【任务引入】

在暗室用一束聚焦的白光照射烧杯中的 $CuSO_4$ 溶液和 $Fe(OH)_3$ 溶胶，在与光束垂直的方向进行观察。观察结果表明，光源通入 $Fe(OH)_3$ 溶胶时，可以看到一道明亮的光柱（如图 2-1 所示）。

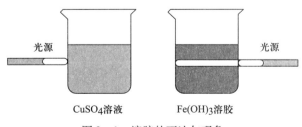

$CuSO_4$溶液　　　　$Fe(OH)_3$溶胶

图 2-1　溶胶的丁达尔现象

问题 1. 为什么在溶胶中可以看到一道明亮的光柱？
　　　2. 什么是分散系？什么是胶体溶液？

一、分散系的概念

【任务引入】

向装有 5 mL 蒸馏水的 4 支试管中分别加入少量食盐、蔗糖、泥土、植物油。振荡，观察现象。静置几分钟后，再观察现象，将观察到的现象及分析记录在下表。

试管中加入的物质	振荡后	静置后	稳定性
蒸馏水 + 食盐			
蒸馏水 + 蔗糖			
蒸馏水 + 泥土			
蒸馏水 + 植物油			

问题 为什么固体食盐和蔗糖放入水中振荡不见了？

把食盐和蔗糖放入水中振荡后，固体消失而得到一种透明的液体，这是因为食盐中的钠离子（Na^+）和氯离子（Cl^-）、蔗糖中的蔗糖分子分散于水中形成溶液的缘故。装入泥土、植物油的试管振荡后，由于泥土中很多分子集合成的固体小颗粒、很多植物油分子集合成的小液滴分散在水中，所以得到混浊的液体。上述 4 种混合物都是一种或几种物质以细小的颗粒，分散在另一种物质中形成的，这种体系称为分散系。其中被分散的物质如食盐、蔗糖、泥土、植物油称为分散相或分散质；容纳分散相的物质如水称为分散介质或分散剂。分散相粒子可以小至分子、离子，也可以由许多分子集合而成。

例 2 – 1 下列物质不属于分散系的是（　　）。

A. 水　　　　　　B. 氯化钠溶液　　　C. 泥浆　　　　　　D. 淀粉溶液

解：选择 A。分散系是一种或几种物质以细小的颗粒，分散在另一种物质中形成的。A 选项水是纯净物，非分散系。B 选项氯化钠是分散质，水为分散剂。C、D 选项泥浆和淀粉溶液都是混合物，属于分散系。

课堂练习 2 – 1

下列物质属于分散系的是（　　）。

①石灰水　　②豆浆　　③蔗糖水　　④雾

A. ①②　　　　　　B. ③　　　　　　C. ①②③　　　　　D. 全部

二、分散系的分类

根据分散质粒子的大小，可将分散系分为分子（或离子）分散系、胶体分散系和粗分散系，见表 2 - 1。

1. 分子（或离子）分散系

分子（或离子）分散系通常称为溶液，溶液中的分散质粒子是小分子或离子，其直径通常小于 1 nm（1 nm = 1×10^{-9} m），不能阻止光线通过，所以溶液是透明的。这样的分散系表现出均匀、稳定的宏观特征，在通常情况下无论放置多久，分散质不会自动与分散剂分离。因为溶液中的分散质粒子较小，所以能通过滤纸或半透膜。

2. 胶体分散系

胶体分散系又称为胶体溶液，分散质粒子直径在 1 ~ 100 nm 之间，属于这一类分散系的有溶胶和高分子溶液。溶胶的分散质粒子称为胶粒，分散质和分散介质间有界面，属于多相分散系，稳定性和均匀程度不如溶液；高分子溶液是以单个高分子的形式分散在分散介质中形成的，如蛋白质溶液。高分子溶液分散质和分散介质之间没有界面，是均匀、透明、稳定的体系。胶体颗粒能透过滤纸，但不能透过半透膜。

胶体分散系按分散介质可分成 3 类：分散介质是固体，形成固溶胶，如烟水晶、有色玻璃；分散介质是气体，形成气溶胶，如烟、云、雾；分散介质是液体，则形成液溶胶，如氢氧化铁溶胶。

3. 粗分散系

粗分散系也称为浊液，按分散质状态不同分为悬浊液和乳浊液。悬浊液是不溶性固体颗粒分散到液体中所形成的粗分散系，如泥浆；乳浊液是不溶性小液滴分散在与之不相溶的另一种液体中形成的粗分散系，如牛奶。由于粗分散系分散质粒子较大，直径大于 100 nm，能阻止光线通过，因而外观上是混浊、不透明的。另外，因分散质颗粒大，不能通过滤纸或半透膜，静置后，其中的固体小颗粒或小液滴会逐渐下沉或上浮。

浊液有很多用途。例如，人们用石灰和水配制成悬浊液来粉刷墙壁（现在常用的墙体涂料也是一种悬浊液）；医院用 X 射线检查肠胃病时，让病人服用硫酸钡的悬浊液（俗称钡餐）；在农业生产中，为了防治病虫害，常把一些不溶于水的固体或液体农药，配制成悬浊液或乳浊液喷洒在农作物上，这样，不仅使用方便，而且能节省农药，提高药效。

表 2 - 1 分散系的分类

分散系		分散相粒子	粒子大小	特征	举例
分子（或离子）分散系	真溶液	低分子或离子	<1 nm	澄清、透明、均匀、稳定、不聚沉	生理盐水、葡萄糖注射液
粗分散系	悬浊液	固体颗粒	>100 nm	混浊、不透明、不均匀、不稳定、容易聚沉	泥浆
	乳浊液	液体小滴			鱼肝油乳
胶体分散系	溶胶	由多分子聚集成的胶粒	1 ~ 100 nm	透明度不一、不均匀、有相对稳定性、不易聚沉	Fe(OH)$_3$溶胶
	高分子溶液	单个高分子		透明、均匀、稳定、不聚沉	蛋白质、明胶水溶液

三大分散系以分散质粒子大小作为分类依据是相对的，虽然三者有明显区别，但是没有明显的界线，某些体系可以同时表现出 2 种或 3 种分散系的性质。

三、溶胶的性质

【案例分析】

案例　人体血液中碳酸钙、磷酸钙等微溶性无机盐，为什么能稳定存在而不聚沉？

因为它们是以溶胶的形式存在的，再加上有血液中的蛋白质高分子溶液对这些盐类溶胶起了保护作用，所以它们分散在血液中的浓度虽然比溶解在水中的浓度大，但仍然能稳定存在而不聚沉。但当发生某些疾病时，血液中的蛋白质就会减少，从而减弱了蛋白质对这些溶胶的保护作用，则微溶性盐类就可能沉积在肝、肾等器官中，这就是形成结石的原因之一。

问题　1. 什么是溶胶？

　　2. 为什么血液中的蛋白质对碳酸钙、磷酸钙等盐类溶胶能起保护作用？

从外观上看溶胶与溶液没有明显的区别，但由于溶胶的分散相粒子介于分子或离子分散系、粗分散系之间，因此溶胶具有许多特殊的性质。

1. 丁达尔现象

当光通过分散系时，由于分散质粒子对光散射而在侧面观察到明亮的光线轨迹的现象，称为丁达尔现象（1869 年由英国物理学家约翰·丁达尔发现）。丁达尔现象是胶体粒子对光的散射而产生的，而真溶液的分散质粒子很小，光的散射十分微弱，故无明显的丁达尔现象；粗分散系粒子较大，大部分光线发生反射，使粗分散系混浊不透明。因此丁达尔现象是溶胶的重要特征，可用来区别溶胶、真溶液和粗分散系。

丁达尔现象在日常生活中随处可见。例如，清晨在树林中看到一缕缕的光束，阳光通过窗隙射入暗室形成光柱等，都属于丁达尔现象。这是由于空气中含有微小的尘埃或液滴，在一定条件下形成云、雾、烟等胶体（又称为气溶胶），因而产生丁达尔现象。胶体粒子有很大的比表面积（单位质量粒子具有的表面积），具有较好的吸附性，能吸附水中的悬浮颗粒物并使其沉降，因而常用于水的净化。

2. 电泳现象

在外加直流电场作用下，胶体粒子向着与其电性相反的电极移动称为电泳现象。电泳现象说明胶体粒子是带有电荷的，大多数金属氧化物、金属氢氧化物溶胶的胶粒带正电，为正溶胶；大多数金属硫化物、硅胶、金、银等溶胶为负溶胶。实验表明，胶体粒子总是选择性吸附与其组成的有关离子而带上不同的电荷，同一溶胶的胶粒带有相同符号的电荷，导致胶体粒子彼此相互排斥，在一般情况下，胶体粒子不容易聚集，因而胶体可以比较稳定地存在。电泳技术已成为基础医学和临床医学研究的重要工具之一。例如，随着对泌尿系疾病的深入研究，医学上借助尿蛋白电泳来辅助诊断泌尿系统。

3. 聚沉

【趣味学习】

演示实验

1. 往试管中加入 1 mL $Fe(OH)_3$ 溶胶，边振荡边滴加 3 滴 0.1 mol/L Na_2SO_4 溶液。

2. 往试管中加入 1 mL $Fe(OH)_3$ 溶胶，加热至沸腾。

问题 1. 观察到两支试管中均出现 _____ ，说明溶胶发生了 _____ 。

2. 你认为什么因素可以使溶胶聚沉？

当胶体粒子遇到带有相反电荷的离子或其他胶体粒子时，由于电荷的中和，胶体粒子聚集成为较大的颗粒物，在重力作用下形成沉淀析出，这种过程称为聚沉。例如，向豆浆中加入石膏或盐卤，会引起豆浆里的蛋白质和水等物质一起聚沉为豆腐；大江大河中含有大量的土壤胶体粒子，在江河入海口，海水中的盐分使这些胶体粒子发生聚沉，逐渐形成三角洲、冲积岛等地形地貌。此外，加热、搅拌也会引起胶体的聚沉。胶体的应用对日常生活、科学研究、工农业生产以及国防等有着十分重要的意义。

使溶胶聚沉的常用方法：

（1）加入电解质，电解质电离产生的、与胶粒带相反电荷的离子，能够中和胶粒的电荷，破坏溶剂化膜，使溶胶的稳定性降低而发生聚沉。

（2）加入带相反电荷的溶胶，异性的两种胶粒相互吸引、中和而发生聚沉。

（3）加热升高温度，增加胶粒碰撞、接触的机会，降低胶粒的吸附作用和溶剂化程度，从而导致聚沉。

4. 布朗运动

胶粒在分散介质中不断地做无规则的运动称为布朗运动（1827 年由英国植物学家布朗发现）。这是由于分散介质的分子从各个方向以不等的力不断撞击胶粒而造成的。

5. 扩散和透析

当溶胶中存在浓度差时，胶粒将从浓度大的区域向浓度小的区域运动，这种现象称为胶粒的扩散。浓度差越大，扩散越快。需要指出的是，胶粒颗粒较大，其扩散速度要比真溶液小得多。

因为滤纸的孔径在 1 000~5 000 nm 之间，半透膜孔径一般小于 0.2 nm，所以胶粒的扩散能透过滤纸，但不能透过半透膜。利用胶粒不能透过半透膜，而分子和离子能通过这一性质，可除去溶胶中的小分子或离子杂质，使溶胶净化，这种方法称为透析（或渗析）。透析时，可将溶胶放在装有半透膜的容器内，膜外放溶剂。由于膜内外杂质的浓度有差别，膜内的离子和小分子杂质就会向外迁移。

例 2 - 2 下列事实中，与胶体有关的是（　　　）。

①水泥的硬化　②用盐卤点豆腐　③用 $FeCl_3$ 净化水　④河、海交汇处易沉积成沙洲

A. ①②　　　　　　B. ②　　　　　　C. ①②③　　　　　　D. 全部

解：选 D。硅酸盐水泥水化反应后，生成的水化产物有胶体和晶体，其结构称为水泥凝胶体；豆浆中加入石膏或盐卤，会引起豆浆里的蛋白质和水等物质一起聚沉为豆腐；水中的三价铁离子水解生成氢氧化铁胶体，氢氧化铁胶体与水中的其他悬浮物配合发生沉淀，达到净化水的目的；大江大河中含有大量的土壤胶体粒子，在江河入海口，海水中的盐分使这些胶体粒子发生聚沉，逐渐形成三角洲、冲积岛等地形地貌。因此是全部，选 D。

课堂练习 2 - 2

下列关于胶体的说法正确的是（　　　）。

A. 胶体外观不均匀　　　　　　　　B. 胶体粒子直径在 $1 \sim 100$ nm 之间

C. 胶体颗粒不能通过滤纸　　　　　D. 胶体不稳定，静置后容易产生沉淀

【知识链接】

高分子溶液对溶胶的保护作用

高分子化合物能自动地分散到适宜的分散介质中形成均匀的高分子溶液，除具有溶胶的某些性质外，还有自己的三大特性：稳定性较大、黏度较大和对溶胶的保护作用。在一定量的溶胶中加入足量的高分子溶液，可以显著地增强溶胶的稳定性，当溶胶受到外界因素作用时（如加入电解质），不易发生聚沉，这种现象称为高分子溶液对溶胶的保护作用。高分子化合物之所以对溶胶具有保护作用，一般认为是加入线状能卷曲的高分子化合物，很容易被吸附在胶粒表面，将整个胶粒包裹起来形成一个保护层。又由于高分子化合物水化能力很强，在高分子化合物外面又形成一层厚而致密的水化膜，这样就阻止了胶粒的聚集，从而增强了溶胶的稳定性。

由于高分子化合物的这些特性，在医药上常制成阿拉伯胶浆、琼脂浆等胶浆剂，也常作制剂中的乳化剂、稳定剂及固体药剂的黏合剂等。

§2 - 2　溶解平衡基础知识

 学习目标

1. 掌握溶解过程、溶解平衡、溶解度的概念及计算。

2. 熟悉溶液的组成、溶解平衡、影响溶解度的因素和溶解度的应用。

3. 了解饱和溶液、不饱和溶液的含义。

【任务引入】

蔗糖放进水中后，很快就"消失"了，它到哪里去了？原来，蔗糖表面的分子在水分子的作用下，逐步向水里扩散，最终蔗糖分子均一地分散到水分子中间，形成一种混合物——蔗糖溶液（如图2-2所示）。如果把食盐（主要成分是氯化钠）放进水中，氯化钠在水分子的作用下，也会向水里扩散，最终均一地分散到水分子中间，形成氯化钠溶液，只不过氯化钠在溶液中是以钠离子和氯离子的形式存在的。

蔗糖　　　水　　　糖水

图2-2　蔗糖溶解

问题　1. 溶液由哪两部分组成？
　　　2. 若加入更多的蔗糖或食盐，它还会继续溶解吗？

一、溶液的组成

我们把一种物质以分子或离子的状态均匀地分散到另一种物质中形成的均一、稳定的体系称为溶液。被溶解的物质称为溶质，能溶解其他物质的物质称为溶剂，溶液是由溶质和溶剂组成的。例如，在上述蔗糖溶液中，蔗糖是溶质，水是溶剂；在氯化钠溶液中，氯化钠是溶质，水是溶剂。

溶剂在常温时有固、液、气三态，因此溶液也有3种状态。我们把气体混合物称为气态溶液，简称气体，如空气就是一种气态溶液；彼此呈分子分散的固体混合物称为固态溶液，简称固溶体，如合金就是一种固态溶液；一般我们所说的溶液只是专指液体溶液，是气体或固体在液态溶剂中溶解或液液相溶所形成的液体。其中，水是最常用的溶剂，能溶解很多种物质，通常不指明溶剂的液态溶液，都是指水溶液。汽油、酒精也是常用的溶剂，如汽油能溶解油脂，酒精能溶解碘等。当两种液体互溶形成溶液时，量多的液体作溶剂，量少的液体作溶质。但配制酒精溶液时，习惯上以酒精为溶质，水为溶剂。

溶液在日常生活、工农业生产和科学研究中具有广泛的用途，与人们的生活息息相关。

二、溶解平衡

1. 溶解平衡的基本概念

溶质均匀地分散到溶剂中的过程称为溶解。与此同时，溶解在溶剂中的溶质粒子由于不断运动，又重新回到溶质表面上来，这个过程称为结晶。溶解和结晶是同时存在的一个可逆过程，可用下式表示两者关系：

$$固体溶质 \underset{结晶}{\overset{溶解}{\rightleftharpoons}} 溶液中的溶质$$

当把溶质刚放到溶剂中时，溶解的速度较快，结晶的速度为零。随着溶液中溶质粒子的数目增多，溶解的速度不断减慢，结晶的速度不断加快，当溶解的速度和结晶的速度相等时，这时固体溶质的质量不再减少，溶液中溶质的浓度也不再增加，溶解与结晶两个过程达到平衡称为溶解平衡，如图 2 – 3 所示。溶解平衡时，溶解和结晶并没有停止，只不过是两者的速率相等，因此是一个动态平衡。当条件改变时，平衡被破坏，在新的条件下达到新的平衡，所以溶解平衡是暂时的、相对的。

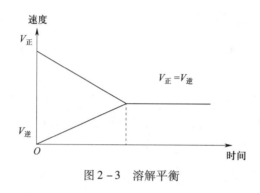

图 2 – 3　溶解平衡

一定条件下达到溶解平衡时的溶液称为饱和溶液，此时溶液浓度达到最大值。若固体溶质溶解未达到平衡状态，即固体溶质溶解的速度大于结晶的速度，溶液还能继续溶解固体溶质，称为不饱和溶液；若溶液中含有的固体溶质浓度大于饱和溶液浓度，称为过饱和溶液，过饱和溶液会有晶体析出。

2. 溶解过程的热效应

物质的溶解过程是一个复杂的过程，常伴有吸热或放热现象。首先是溶质分子（或离子）在溶剂的作用下，克服溶质粒子间的吸引力扩散到溶剂中去，此过程是物理过程，需要吸收热量。与此同时，溶质分子（或离子）又和水分子相互吸引生成水合分子（离子），此过程是化学过程，这时有热量的放出。因此，溶解过程是一个包括物理过程和化学过程的复杂过程。那么溶解过程是吸热还是放热，要看扩散和水合这两个过程热效应的综合。如果扩散过程吸收的热量大于水合过程放出的热量，则整个溶解过程是吸热的；如果水合过程放出的热量大于扩散过程吸收的热量，则整个溶解过程是放热的。例如，硝酸铵溶于水要吸热，浓硫酸溶于水要放热，而氯化钠溶解时热效应很小。

另外，物质溶解时，不仅有吸热、放热现象，并且常有体积变化。例如，乙醇和水混合时体积有所缩小，苯溶于醋酸时体积略有增大。

三、溶解度

1. 溶解度

【趣味学习】

1. 在室温下，向盛有 20 mL 水的烧杯中加入 5 g 氯化钠，搅拌；等溶解后，再加入 5 g 氯化钠，搅拌，观察现象。然后再加入 15 mL 水，搅拌，观察现象。

操作	现象	结论
加入 5 g 氯化钠，搅拌		
再加入 5 g 氯化钠，搅拌		
再加入 15 mL 水，搅拌		

2. 在室温下，将盛有 20 mL 水的烧杯加热后加入 5 g 硝酸钾，搅拌；等溶解后，再加入 5 g 硝酸钾，搅拌，观察现象。当烧杯中硝酸钾固体有剩余而不再继续溶解时，加热烧杯一段时间，观察剩余固体有什么变化。然后再加入 5 g 硝酸钾，搅拌，观察现象。待溶液冷却后，又有什么现象发生？

操作	现象	结论
加入 5 g 硝酸钾，搅拌		
再加入 5 g 硝酸钾，搅拌		
用酒精灯加热烧杯		
再加入 5 g 硝酸钾，搅拌		
冷却		

上述实验说明，在增加溶剂或升高温度的情况下，原来的饱和溶液可以变成不饱和溶液。因此，只有指明"在一定量溶剂里"和"在一定温度下"，溶液的"饱和"和"不饱和"才有确定的意义。另外，我们发现：在室温下，20 mL 水中所能溶解的氯化钠或硝酸钾的质量有一个最大值，这个最大质量就是形成饱和溶液时的质量。这说明，在一定温度下，在一定量溶剂里溶质的溶解量是有一定限度的。化学上用溶解度表示这种溶解的限度。

溶解度表示在一定温度、压强下，某物质在 100 g 溶剂里达到溶解平衡时所溶解的质量，用"s"表示，单位是"g"。如果不指明溶剂，通常所说的溶解度是指物质在水里的溶解度。例如，在 20 ℃时 100 g 水里最多能溶解 36 g 氯化钠（这时溶液达到饱和状态），我们就说在 20 ℃时氯化钠在水里的溶解度是 36 g。用实验的方法可以测出物质在不同温度时的溶解度，得到溶解度曲线，如图 2-4、图 2-5 所示。

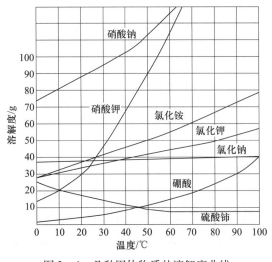

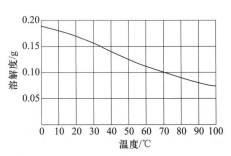

图 2-4　几种固体物质的溶解度曲线　　　　图 2-5　氢氧化钙的溶解度曲线

利用溶解度曲线，我们可以比较不同物质在同一温度时溶解度的大小，根据 20 ℃时各物质溶解度的大小，可将物质分为易溶、可溶、微溶和难溶四类，见表 2-2。

表 2-2　　　　　　　　　　　　溶解度的相对大小（20 ℃）

溶解度/g	物质分类
<0.01	难溶
0.01~1	微溶
1~10	可溶
>10	易溶

利用溶解度曲线，我们可以查出某物质在不同温度时的溶解，比较不同物质的溶解度受温度变化影响的大小，还可以看出物质的溶解度随温度变化的规律。从图 2-4 和图 2-5 可以看出，多数固体物质的溶解度随温度的升高而增大，如硝酸钾、氯化铵等，少数固体物质的溶解度受温度变化的影响很小，如氯化钠，极少数固体物质的溶解度随温度的升高而减小，如氢氧化钙。

因为称量气体的质量比较困难，所以气体的溶解度常用体积来表示。通常气体的溶解度是指该气体的压强为 101.3 kPa 和一定温度时，溶解在 1 体积水里达到饱和状态时的气体体积。如氨气在 101.3 kPa 和 20 ℃时溶解度为 700，即 1 L 水里最多能溶解 700 L 的氨气。

课堂练习 2-3

1. 打开汽水（或某些含有二氧化碳气体的饮料）瓶盖时，汽水会自动喷出来。这说明气体在水中的溶解度与什么有关？

2. 喝了汽水以后，常常会打嗝。这说明气体的溶解度还与什么有关？

2. 溶解度的计算

$$\frac{s}{100} = \frac{m_{溶质}}{m_{溶剂}} \qquad (2-1)$$

式中 s 代表溶解度，单位为 g。

对于饱和溶液，$m_{溶液} = m_{溶质} + m_{溶剂}$，则有

$$\frac{s}{100+s} = \frac{m_{溶质}}{m_{溶液}} \qquad (2-2)$$

例 2-3 已知 15 ℃时碘化钾的溶解度为 140 g，计算在该温度下 250 g 水中最多能溶解多少克碘化钾？

解：设 15 ℃时 250 g 水中最多能溶解 x g 碘化钾。

已知：$s = 140$ g，$m_水 = 250$ g，代入公式（2-1）得

$$\frac{140}{100} = \frac{x}{250}$$

解得

$$x = 350 \text{ g}$$

答：在 15 ℃时 250 g 水中最多能溶解 350 g 碘化钾。

例 2-4 把 50 g 20 ℃时的硝酸钾饱和溶液蒸干，得到 12 g 硝酸钾。求 20 ℃时硝酸钾的溶解度。

解：溶液的质量为溶质质量和溶剂质量之和，因此 50 g 硝酸钾饱和溶液中含水的质量：50 - 12 = 38 g。代入公式（2-1）得

$$\frac{s}{100} = \frac{12}{38}$$

解得

$$s = 31.6 \text{ g}$$

答：20 ℃时硝酸钾的溶解度为 31.6 g。

课堂练习 2-4

20 ℃时氯化钠的溶解度为 36 g。现有氯化钠 18 g，要配制 20 ℃时氯化钠饱和溶液需要水多少克？能得到多少克氯化钠饱和溶液？

四、溶解度的应用——重结晶

利用溶剂对被提纯物质及杂质的溶解度不同，可以使被提纯物质从过饱和溶液中析出，而让杂质全部或大部分仍留在溶液中，或者相反，从而达到分离、提纯之目的。重结晶就是常用的提纯方法。

重结晶是将晶体溶于溶剂或熔融以后，又重新从溶液或熔体中结晶的过程。重结晶适用于提纯含少量杂质的固体物质，具体操作时又分两种情况。

1. 对于溶解度随温度变化有显著变化的物质如硝酸钾，用冷却结晶的方法。把含有少

量杂质的固体物质加适量溶剂加热溶解，使溶液接近饱和，趁热过滤，除去不溶性杂质，然后冷却滤液可析出较纯的物质的晶体，而那些可溶性的杂质因浓度较小而留在母液中。如果一次结晶不够纯净可再重结晶几次。

2. 对于溶解度随温度改变变化较小的物质如氯化钠，可用蒸发、浓缩、结晶的方法进行分离提纯。如把含有少量杂质的氯化钠固体加入适量的水并加热溶解，过滤除去不溶性的杂质，滤液进行蒸发、浓缩至析出氯化钠晶体。但注意浓缩时不要将滤液蒸干，这样可使可溶性杂质留在滤液中。

必须注意，杂质含量过多对重结晶极为不利，影响结晶速率，有时甚至妨碍结晶的生成。重结晶一般只适用于杂质含量约在5%以下的固体物质，所以在结晶之前应根据不同情况，分别采用其他方法进行初步提纯，然后再进行重结晶处理。

例2-5 已知 KNO_3 20 ℃和80 ℃时溶解度分别是31.6 g 和169 g。如将80 ℃ 269 g KNO_3 饱和溶液冷却到20 ℃时能析出多少克 KNO_3 晶体？

解：设80 ℃ 269 g KNO_3 饱和溶液中溶质 KNO_3 有 x g。

代入公式（2-2）

$$\frac{169}{100+169}=\frac{x}{269}$$

解得 $\qquad x=169\ g$

则溶剂水有 $\qquad 269-169=100\ g$

冷却过程中水的质量是不变的，设冷却到20 ℃时溶液中有溶质 KNO_3 y g。

代入公式（2-1）

$$\frac{31.6}{100}=\frac{y}{100}$$

解得 $\qquad y=31.6\ g$

析出 KNO_3 晶体 $\qquad 169-31.6=137.4\ g$

答：80 ℃ 269 g KNO_3 饱和溶液冷却到20 ℃时能析出137.4 g KNO_3 晶体。

【知识链接】

晒晒海水得到粗盐

海水晒盐是指通过一系列工艺，将海水中的水分蒸发而得到海盐。从海水中提取食盐的传统方法为"盐田法"。海水晒盐的加强蒸发方法与液体蒸发技术有关。晒盐法把海水引入盐田，利用日光和风力蒸发浓缩海水，使其达到饱和，进一步使食盐结晶出来。盐田主要分为两部分，分别是蒸发池和结晶池。其步骤为海水→蒸发池→结晶池→粗盐和母液。

先将海水引入蒸发池，经日晒蒸发水分到一定程度时，再倒入结晶池继续日晒，海水就会成为食盐的饱和溶液，再晒就会逐渐析出食盐来。这时得到的晶体就是常见的粗盐，剩余的液体称为"母液"，可从中提取多种化工原料。

实训二 无机化学实验基本操作

一、实训目的

1. 理解

无机化学实验常用仪器名称、用途和使用方法。

2. 应用

玻璃仪器的洗涤与干燥，物质的加热，试剂的取用，称量，溶解、过滤和蒸发，移液管、容量瓶的使用等操作。

二、器材准备

1. 仪器

试管、烧杯、量筒、漏斗、酒精灯、玻璃棒、胶头滴管、蒸发皿、铁架台、铁夹、铁圈、试管夹、试管架、试管刷、镊子、药匙、石棉网、托盘天平、吸量管、容量瓶等。

2. 药品

铬酸洗液、自来水、蒸馏水、乙醇。

三、实训内容与步骤

1. 玻璃仪器的洗涤和干燥

（1）一般洗涤仪器的方法

1）对普通玻璃容器，倒掉容器内物质后，可向容器内加入 1/3 体积的自来水冲洗，再选用合适的刷子，依次用洗衣粉和自来水刷洗。最后用洗瓶挤压蒸馏水涮洗，将自来水中的金属离子洗净。注意，不要同时将多个仪器一起洗涤，以免仪器破损。

2）对于某些用通常的方法不能洗涤除去的污物，则可通过化学反应将黏附在器壁上的物质转化为水溶性物质。例如，铁盐引起的黄色污染物加入稀盐酸或稀硝酸浸泡片刻即可除去；接触、盛放高锰酸钾后的容器可用草酸溶液清洗（沾在手上的高锰酸钾也可以同样清洗）；沾有碘时，可用碘化钾溶液浸泡片刻，或加入稀的氢氧化钠溶液并使其温热，用硫代硫酸钠溶液也可将其除去；银镜反应后黏附的银或有铜附着时，可加入稀硝酸，必要时可稍微加热，以促进溶解。对于未知污物，可使用重铬酸盐洗液清洗。

（2）度量仪器的洗涤方法

度量仪器对洗净程度要求较高，有些仪器形状又特殊，不宜用毛刷刷洗，常用洗液进行洗涤。度量仪器的具体洗涤方法如下。

1）滴定管的洗涤。酸式滴定管洗涤前应检查玻璃活塞是否与活塞套配合紧密，如不紧密将会出现漏水现象，则不宜使用。洗涤可根据滴定管沾污的程度而采用以下洗涤方法：用自来水冲洗或用滴定管刷蘸洗涤剂刷洗（但铁丝部分不得碰到管壁）。当用前法不能洗净时，可用铬酸洗液洗：加入 5～10 mL 洗液，边转动边将滴定管放平，并将滴定管口对着洗液瓶口，以防洗液洒出；洗净后将一部分洗液从管口放回原瓶，最后打开活塞，将剩余的洗液从出口管放出原瓶，必要时可加满洗液进行浸泡。还可根据具体情况采用针对性洗涤液进行清洗，如管内壁留有残存的二氧化锰时，可应用亚铁盐溶液或过氧化氢加酸溶液进行清洗。用各种洗涤方法清洗后，都必须用自来水充分洗净，并将管外壁擦干，以便观察内壁是否挂水珠。

碱式滴定管的洗涤方法与酸式滴定管相同。在需要用洗液洗涤时，可除去橡皮管，用滴管胶头堵塞碱式滴定管下口进行洗涤。如必须用洗液浸泡，则将碱式滴定管倒挂在滴定管架上，管口插入洗涤瓶中，橡皮管处连接抽气泵，用手捏玻璃球处的橡皮管，吸取洗液，直到充满全管然后放手，任其浸泡。浸泡完毕后，轻轻捏橡皮管，将洗液缓慢放出。也可更换一根装有玻璃球的橡皮管，将玻璃球往上捏，使其紧贴在碱式滴定管的下端，这样便可直接倒入洗液浸泡。在用自来水冲洗或用蒸馏水清洗碱式滴定管时，应特别注意玻璃球下方死角处的清洗。为此，在捏橡皮管时应不断改变方位，使玻璃球的四周都洗到。

2）容量瓶的洗涤。先用自来水洗几次，倒出水后，内壁如不挂水珠，即可用蒸馏水洗好备用。否则就必须用洗液洗涤。先尽量倒去容量瓶内残留的水，再倒入适量洗液（250 mL 容量瓶，倒入 10～20 mL 洗液已足够），倾斜转动容量瓶，使洗液布满内壁，同时将洗液慢慢倒回原瓶。然后用自来水充分洗涤容量瓶及瓶塞，每次洗涤应充分振荡，并尽量使残余的水流尽。最后用蒸馏水洗 3 次。应根据容量瓶的大小决定用水量，如 250 mL 容量瓶，第一次约用 30 mL，第二及第三次约用 20 mL 蒸馏水。

3）移液管和吸量管的洗涤。可先用自来水冲洗一次，用洗耳球吹出管中残留的水，再用铬酸洗液洗涤。以左手持洗耳球，将食指或拇指放在洗耳球的上方，右手拇指和中指拿捏住移液管或吸量管标线以上部分，洗耳球排气后对准移液管口，将移液管插入洗液瓶中，左手拇指或食指慢慢放松使洗液缓缓吸入移液管球部或吸量管全管约四分之一处（注意，勿使洗液回流）。移去洗耳球，再用右手食指按住管口，移液管横放，左手扶住管的下端没沾洗液的部分，慢慢开启右手食指，一边转动移液管一边使管口降低，让洗液润湿管内壁（注意，洗液不要超过管上壁黄线或红线）。洗液从管尖放回原瓶，用自来水充分冲洗移液管。再用洗耳球吸取蒸馏水，将整个内壁洗涤 3 次，洗涤方法同前，但洗涤用过的水应从下口放出。每次用水量以移液管的液面上升到球部或吸量管全管约五分之一为度。也可用洗瓶从上口进行吹洗，最后用洗瓶吹洗管的下部外壁。

除了上述清洗方法外，现在还有超声波清洗器。只要把用过的仪器放在配有合适洗涤剂的溶液中，接通电源，利用声波的能量和振动，就可以将仪器清洗干净。

（3）玻璃仪器的干燥

干燥的方法有多种，烘干、烤干、晾干、吹干和有机溶剂干燥等不同的方法，都可用于仪器干燥。

1) 烘干。洗净的仪器控去水分，可置于 105～120 ℃ 的电烘箱（如图 2-6 所示）中 1 h 左右烘干。也可放在红外灯干燥箱中烘干。此法适用于一般仪器。称量用的称量瓶等烘干后要放在干燥器中冷却和保存。带实心玻璃塞及厚壁仪器烘干时要注意慢慢升温并且温度不可过高，以免烘裂。量器不可放于烘箱中烘干。

2) 烤干。对于急用的玻璃仪器还可以在石棉网上烤干。试管可直接用酒精灯烤干，但要从底部烤起，把试管口向下，以免水珠倒流把试管炸裂，烘至无水珠时，把试管口向上赶净水汽，如图 2-7 所示。

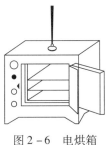
图 2-6　电烘箱

图 2-7　烤干试管

3) 晾干。将洗净的仪器倒立放置在适当的仪器架上或仪器柜内，让其在空气中自然干燥。这种干燥方法较为常用，适用于烧杯、锥形瓶、量筒、容量瓶、移液管等仪器的干燥。

4) 吹干。利用热和冷的空气流将玻璃仪器干燥。常用工具是吹风机、气流干燥器。

5) 有机溶剂干燥。对于有刻度的仪器、急于干燥的仪器或不适合放入烘箱的较大的仪器，可采用有机溶剂干燥的办法。通常将少量与水互溶的易挥发有机溶剂（如乙醇、丙酮等）倒入已控去水分的仪器中摇洗，控净溶剂（溶剂要回收），然后用电吹风吹，开始用冷风吹 1～2 min，当大部分溶剂挥发后吹入热风至完全干燥，再用冷风吹残余的蒸气，使其不再冷凝在容器内。此法要求通风好，防止中毒；不可接触明火，以防有机溶剂爆炸。

2. 物质的加热

在化学实验室中，加热常用酒精灯、酒精喷灯、煤气灯、煤气喷灯、电炉、电热板、电加热套、热浴、红外灯、白炽灯、马弗炉、管式炉、烘箱及恒温水浴等。这里主要介绍使用酒精灯加热的方法。

（1）酒精灯的构造如图 2-8 所示，是缺少煤气（或天然气）的实验室常用的加热工具。加热温度通常可以达到 400～500 ℃。

（2）使用方法

1) 检查灯芯并修整灯芯，不要过紧，最好松些，灯芯不齐或烧焦时可用剪刀剪齐或把烧焦处剪掉。

2) 用漏斗将酒精加入酒精灯壶中，加入量为壶容积的 1/2～2/3。

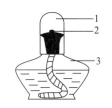
图 2-8　酒精灯的构造
1—灯帽　2—灯芯　3—灯壶

3) 点燃取下灯帽，直接放在台面上，不要让其滚动，擦燃火柴，从侧面移向灯芯点燃。燃烧时火焰不发出"嘶嘶"声，并且火焰较暗时火力较强，一般用火焰上部加热。

4）熄灭火时不能用口吹灭，而要用灯帽从火焰侧面轻轻罩上，切不可从高处将灯帽扣下，以免损坏灯帽。灯帽和灯身是配套的，不要搞混。灯帽不合适，不但酒精会挥发，而且酒精由于吸水会变稀。因此灯口有缺损则不能用。

5）加热盛液体的试管时，要用试管夹夹持试管的中上部，试管与台面成60°角倾斜，试管口不要对着他人或自己。先加热液体的中上部，再慢慢移动试管到下部，然后不时地移动或振荡试管，使液体各部受热均匀，避免试管内液体因局部沸腾而迸溅，引起烫伤。试管中被加热液体的体积不要超过试管高度的1/2。烧杯、烧瓶加热时一般要放在石棉网上。

（3）注意事项

1）酒精灯长时间使用或在石棉网下加热时，灯口会发热。为防止熄灭时冷的灯帽使酒精蒸气冷凝而导致灯口炸裂，熄灭后可暂将灯帽拿开，等灯口冷却以后再罩上。

2）酒精蒸气与空气混合气体的爆炸范围为体积分数3.5%～20%，夏天无论是灯内还是酒精桶中都会自然形成达到爆炸界限的混合气体。因此点燃酒精灯时，必须注意这一点。使用酒精灯时必须注意补充酒精，以免形成达到爆炸界限的酒精蒸气与空气的混合气体。

3）燃着的酒精灯不能补添酒精，更不能用燃着的酒精灯点另一酒精灯。

4）酒精易燃，其蒸气易燃易爆，使用时一定要按规范操作，以免引起火灾。

5）酒精易溶于水，着火时可用水灭火。

3．试剂的取用

取用试剂以前，应看清标签。没有标签的药品不能使用，以免发生事故。取用时，先打开瓶塞，将瓶塞倒放在实验台上。如果瓶塞上端不是平顶而是扁平的，可用食指和中指将瓶塞夹住（或放在清洁的表面皿上），绝不可将它横置于桌上，以免沾污。不能用手接触化学试剂。取完试剂后，一定要把瓶塞盖严，绝不允许将瓶盖张冠李戴。然后把试剂放回原处，以保持实验台整齐干净。

（1）固体试剂的取用

固体试剂通常存放在易于取用的广口瓶中。

1）要用清洁、干燥的药匙取试剂，应专匙专用。用过的药匙必须洗净擦干后才能再使用。

2）注意不要超过指定用量取药，多取的不能倒回原瓶，可放在指定的容器中供他人使用。

3）要求取用一定质量的固体试剂时，可把固体放在干燥的称量纸、表面皿或小烧杯内称量。具有腐蚀性或易潮解的固体应放在表面皿上或玻璃容器内称量。

4）往试管（特别是湿试管）中加入固体试剂时，可用药匙或将取出的药品放在对折的纸片上，伸进试管约2/3处，如图2-9所示。加入块状固体时，应将试管倾斜，使固体沿管壁慢慢滑下，以免碰破试管。

5）固体的颗粒较大时，可在清洁而干燥的研钵中研碎，研钵中所盛固体的量不要超过研钵容量的1/3。

6）有毒药品要在教师的指导下取用。

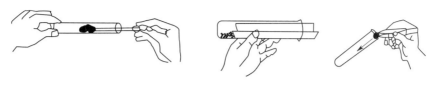

图2-9　向试管中加入固体药品

（2）液体试剂的取用

液体试剂通常盛放在细口瓶或滴瓶中。每个试剂瓶上都必须贴上标签，并标明试剂的名称、浓度和纯度。

1）从滴瓶中取用少量试剂时，需将滴管提起至液面上方，用手指捏瘪橡皮头，以赶出滴管中的空气，然后伸入试剂瓶中，放开手指，吸入试剂，垂直提出滴管，置于试管口的上方滴入试剂，如图2-10所示。滴完后立即将滴管插回原滴瓶。绝对禁止将滴管伸进试管中或与器壁接触，更不允许用其他的滴管到滴瓶中取液，以免污染试剂。装有药品的滴管不得横置或滴管口向上斜放，以免液体流入滴管的橡皮头中。

图2-10　从滴瓶中取用试剂

2）从细口瓶中取用液体试剂时，用倾注法。先将瓶塞取下，倒放在实验台上，用左手拿住容器（如试管、量筒等），用右手握住试剂瓶上贴标签的一面，逐渐倾斜瓶子，让试剂沿着洁净的试管壁流入试管或沿着洁净的玻璃棒注入烧杯中，如图2-11所示。倒出试剂后瓶口在容器上靠一下，再逐渐竖起瓶子，以免遗留在瓶口的液滴流到瓶的外壁上。

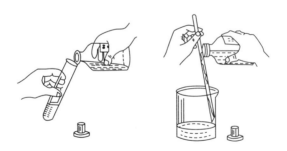

图2-11　从细口瓶中取用试剂

3）在试管里进行某些实验时，取试剂不需要准确用量，但要学会估计取用液体的量。例如，学会用滴管取用液体，1 mL相当于多少滴，5 mL液体占一支试管容量的几分之几等。倒入试管里溶液的量，一般不超过其容积的1/3。定量取用液体试剂时，根据要求可选用准确度较高的量器，如量筒、滴定管、移液管等。

4. 称量

托盘天平是常用的称量器具，如图2-12所示，用于精确度不高的称量，能称准到0.1 g或0.2 g，

　使用方法和注意事项如下。

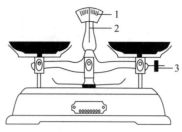

图 2 - 12　托盘天平
1—标尺　2—指针　3—平衡调节螺钉

（1）称量前应先调整托盘天平的零点，即检查托盘天平的指针是否停在标尺的正中间。如果不在正中间位置，可调节平衡调节螺钉，使指针在标尺上左右摆动的格数相等，这样指针就能停在标尺的中间位置，这就是托盘天平的零点。

（2）称量时，通常左边放被称量的物品，右边放砝码，砝码必须用镊子夹取，应先放质量大的后加质量小的。添加砝码和调节托盘天平上的游码，使指针停在标尺的中间位置时，天平即处于平衡状态，此时指针所停的位置称为停点或平衡点。停点和零点相符时，砝码的质量加标尺刻度就是称量物品的质量。

（3）托盘天平不能称量热的物体。称量物不能直接放在托盘上，根据称量物的性能和要求，将称量物放在纸片上、表面皿或其他容器中称量。

（4）称量后，将砝码放回砝码盒中，并使天平恢复原状。

5. 溶解、过滤和蒸发

（1）溶解

溶解通常是指固体（或液体）与液体相混合而形成溶液的过程。溶解过程中可采用研磨、振荡、搅拌、加热等措施加速溶解。溶解前要考虑好溶质与溶剂的加入顺序，一般情况都是把溶质加入溶剂中。溶解过程中若有大量的热量放出，应分次将溶质加入溶剂，边冷却边溶解。例如，在烧杯中溶解某固体时，应先把水倒入烧杯中，再将要溶解的固体逐渐加入水中，用玻璃棒沿烧杯壁轻轻搅动（必要时还可以加热），使固体完全溶解。

（2）过滤

过滤是使固体和液体分离的操作，常压过滤的过程如下。

1）过滤器的准备。将一张圆形滤纸对折两次，打开成圆锥形，如图 2 - 13 所示。将滤纸一边为 3 层，一边为 1 层地放入漏斗，使滤纸的边缘比漏斗稍低，然后用少量蒸馏水将滤纸润湿，使它与漏斗紧贴在一起。漏斗与滤纸之间不能有气泡，否则会影响过滤速度。

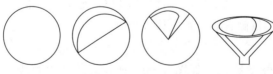

图 2 - 13　滤纸的准备

2）过滤。先把漏斗放在铁架台的铁圈上，调整铁圈的高度，使漏斗下面的管伸到烧杯内，管尖紧贴烧杯内壁。然后将玻璃棒下端与3层滤纸处轻轻接触，把过滤的液体从烧杯口沿着玻璃棒缓慢地倒入漏斗，液面应低于滤纸的边缘，以防液体从滤纸与漏斗之间流下，如图2-14所示。如果过滤后的滤液仍然混浊，应重新过滤一次。

常采用减压过滤的方法来加快过滤速度，装置如图2-15所示。它由吸滤瓶、布氏漏斗和水泵组成，水泵一般装在自来水的水龙头上。由于水泵带走空气，使吸滤瓶中减压，从而使过滤速度大大加快。

 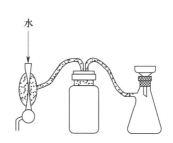

图2-14 常压过滤　　　　　　　图2-15 减压过滤

（3）蒸发

为了从滤液中提取纯净的固体，先将滤液倒入蒸发皿中，把蒸发皿放在有石棉网的铁圈上，用酒精灯加热。同时，用玻璃棒不断搅拌滤液，直到快要蒸干时，停止加热。最后，利用余热将少量水蒸干，把固体收集起来，如图2-16所示。

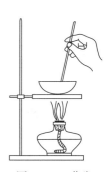

图2-16 蒸发

6. 移液管、容量瓶的使用

（1）吸量管（移液管）

移液管（无分度吸管）是用于准确量取一定体积溶液的量出式玻璃量器，如图2-17所示。管颈上部刻有标线，此标线的位置是由放出纯水的体积所决定的。其容量定义为：在20 ℃时按规定方式排空后所流出纯水的体积，单位为 mL。

吸量管的全称是分度吸量管，是带有分度线的量出式玻璃量器，如图2-17所示，用于移取非固定量的溶液。

移取液体前，应先将吸量管洗涤干净。可用洗耳球吸取洗液洗涤，也可将吸量管放在量筒内用洗液浸泡，然后用自来水和蒸馏水洗净。为确保所取的溶液浓度不变，还要用所取的溶液将吸量管润洗3次。

移液管和吸量管的使用方法如下。

1）润洗。使用前用铬酸洗液将其润洗，再用自来水洗去洗液，

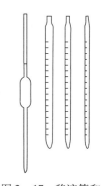

图2-17 移液管和吸量管

最后用少量蒸馏水冲洗 3 次，使其内壁及下端的外壁不挂水珠。移取溶液前，用待取溶液润洗 3 次。

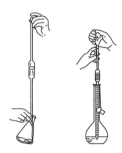

图 2 - 18　移液管的操作方法

2）正确量取。移取溶液的正确操作姿势如图 2 - 18 所示。右手将移液管插入烧杯内液面以下 1 ~ 2 cm 深度，左手拿洗耳球，排空空气后紧按在移液管管口上，然后借助吸力使液面慢慢上升，管中液面上升至标线以上约 2 cm 时，迅速用右手食指按住管口移出。左手拿滤纸擦干下端的外壁液体，再持烧杯并使其倾斜 30° 角，将移液管流液口靠到烧杯的内壁，稍松食指并用拇指及中指捻转管身，使液面缓缓下降，直到调定零点，使溶液不再流出。将移液管插入准备接收溶液的容器中，仍使其流液口接触倾斜的器壁，松开食指，使溶液自由地沿壁流下，再等待 15 s，拿出移液管。不得将管内尖端处残留的液滴吹出，因为在校正移液管的容量时，就没有考虑这一部分溶液。当使用标有“吹”字样的移液管时，则必须把管内尖端处残留的液滴吹入接收器内。

（2）容量瓶

容量瓶又称为量瓶，它是用来配制一定体积、一定浓度溶液的精密计量仪器。容量瓶形状为细颈、梨形、平底容器，带有磨砂玻璃瓶塞，其颈部刻有一条环形标线，标示液体在 20 ℃ 时定容到此的体积数。容量瓶的规格以容积表示，常用有 50、100、1 000 mL 等多种。

容量瓶的使用方法如下。

1）选取所需容积的容量瓶。

2）检查瓶口是否漏水。在瓶中放水到标线附近，塞紧瓶塞；左手捏住瓶颈上端，食指压住瓶塞，使其倒立 2 min 左右，用干滤纸片沿瓶口缝处检查，看有无水珠渗出。如不漏，再把塞子旋转 180°，同样倒置，看有无水珠渗出。配套的瓶塞最好用橡皮圈系在瓶颈上，以防跌碎或搞混。

3）洗涤。使用前用铬酸洗液将其润洗，再用自来水洗去洗液，最后用少量蒸馏水冲洗 3 次，使其内壁不挂水珠。

4）配制溶液。将固体物质（基准试剂或被测样品）配成溶液时，先在烧杯中将固体物质全部溶解后，再转移至容量瓶中。转移时要使溶液沿玻璃棒缓缓流入瓶中，如图 2 - 19 所示。烧杯中的溶液倒净后，烧杯不要马上离开玻璃棒，而应在烧杯扶正的同时使杯嘴沿玻璃棒上提 1 ~ 2 cm，随后烧杯离开玻璃棒（这样可避免烧杯与玻璃棒之间的一滴溶液流到烧杯外面），然后用少量溶剂（水）冲洗 3 ~ 4 次，每次都冲洗杯壁及玻璃棒，按同样的方法转入瓶中。加溶剂至容积的 2/3 处，手拿容量瓶沿水平方向摆动几周以使溶液初步混合。再加溶剂（水）至标线以下约 1 cm 处，等待 1 min 左右，最后用滴管（或洗瓶）沿壁缓缓加溶剂（水）至标线。盖紧瓶塞，左手捏住瓶颈上端，食指压住瓶塞，右手三指托住瓶底，将容量瓶颠倒 15 次以上，并且在倒置状态时水平摇动几周。

5）溶液转移。容量瓶不能久储溶液，尤其是有腐蚀作用的溶液。例如，碱性溶液会粘

图 2 - 19 容量瓶的使用

住瓶塞，无法打开。溶液配好以后应转移到其他容器（试剂瓶）中存放。

四、实训测评

1. 液体试管加热需要注意什么？
2. 有几种玻璃仪器可以直接加热？

§2-3 溶液的浓度

 学习目标

1. 掌握物质的量浓度、质量分数、质量浓度、体积分数的概念及溶液浓度间的换算。
2. 熟悉溶液配制和稀释的操作步骤及相关计算。
3. 了解渗透现象和渗透压的概念。

【任务引入】

某校后勤处购买了一批防疫物资，有医用酒精、"84"消毒液、免洗手消毒液等（如图 2 - 20 所示）。消毒工作人员发现不同防疫物资溶液的成分含量表示方法有所不同，医用酒精中乙醇含量是 75%，而"84"消毒液有效氯含量是 34.0 ～ 46.0 g/L，免洗手消毒液葡萄糖酸氯己定含量为 5 g/L。

医用酒精　　　　　"84"消毒液　　　　　免洗手消毒液

图 2 - 20 浓度的表示方法

问题 溶液成分含量的表示方法 g/L 和% 等符号代表什么含义？

一、溶液浓度的表示方法

医药中使用的溶液都具有一定的浓度，那么怎么表示溶液的浓度？溶液的浓度是指一定量的溶液（或溶剂）中所含溶质的量。在液态溶液中，溶质的浓度表示方法很多，一般有以下几种。

1. 质量分数

溶液中溶质 B 的质量与溶液质量之比称为溶质 B 的质量分数。其符号为 ω_B 或 $\omega(B)$。计算公式为：

$$\omega_B = \frac{m_B}{m} \qquad (2-3)$$

式中 m 表示溶液的质量，单位为 g；m_B 表示溶质 B 的质量，单位为 g；质量分数无单位，可以用小数表示，也可用百分数表示。例如，浓盐酸的质量分数为 0.36 或 36%，它表示 100 g 盐酸溶液中含氯化氢 36 g。

例 2-6 有体积 500 mL、质量分数为 0.36、密度为 1.18 kg/L 的浓盐酸，则其中含氯化氢多少克？

解：根据题目可知 $\rho = 1.18$ kg/L $= 1\,180$ g/L　　$V = 500$ mL $= 0.5$ L

$$m = \rho \cdot V = 1\,180 \times 0.5 = 590 \text{ g}$$

由公式（2-3）计算得 $m_{HCl} = \omega_B \cdot m = 0.36 \times 590 = 212.4$ g

答：500 mL 质量分数为 0.36 的浓盐酸中含氯化氢 212.4 g。

课堂练习 2-5

计算 300 mL $\omega_{H_2SO_4} = 98\%$ 的浓硫酸溶液（$\rho = 1.84$ kg/L）中含有硫酸的质量是多少克？

2. 质量浓度

溶液中溶质 B 的质量与溶液的体积之比称为溶质 B 的质量浓度。其符号为 ρ_B 或 $\rho(B)$。计算公式为：

$$\rho_B = \frac{m_B}{V} \qquad (2-4)$$

式中 V 表示溶液的体积，单位为 L 或 m^3；m_B 表示溶质的质量，单位为 g；ρ_B 表示质量浓度，其国际单位是 kg/m^3，但化学和医学上常用 g/L 或 mg/L 等单位来表示。世界卫生组织建议，在医学上表示体液组成时，对相对分子质量还未精确测得的物质，可暂用质量浓度。例如，临床上常用浓度为 2 g/L 的 $CuSO_4$ 溶液作为治疗磷中毒的催吐剂，表示每升 $CuSO_4$ 溶液中含有 $CuSO_4$ 的质量为 2 g。

溶质 B 的质量浓度（ρ_B）与溶液密度（ρ）的区别为：质量浓度是溶液中溶质 B 的质量 m_B 与溶液的体积 V 之比，而密度则为溶液的质量 m 与溶液体积 V 之比。密度计算公式为：

$$\rho = \frac{m}{V} \qquad\qquad (2-5)$$

例 2 – 7 配制 500 mL 质量浓度是 40 g/L 的 $NaHCO_3$ 溶液，作为敌敌畏中毒者的催吐剂，则需要称取 $NaHCO_3$ 多少克？

解：根据题目可知 $\rho_{NaHCO_3} = 40$ g/L $\quad V = 500$ mL $= 0.5$ L

由公式（2 – 4）得 $m_{NaHCO_3} = \rho_{NaHCO_3} \cdot V = 40 \times 0.5 = 20$ g

答：配制 500 mL 40 g/L 的 $NaHCO_3$ 溶液需要称取 $NaHCO_3$ 20 g。

课堂练习 2 – 6

计算配制 800 mL 质量浓度为 2 g/L 的 $CuSO_4$ 溶液催吐剂，需要 $CuSO_4$ 多少克？

3. 物质的量浓度

溶液中溶质 B 的物质的量与溶液的体积之比称为溶质 B 的物质的量浓度，其符号为 c_B 或 $c(B)$，c_B 有时也可记作 [B]。计算公式为：

$$c_B = \frac{n_B}{V} \qquad\qquad (2-6)$$

式中 V 表示溶液的体积，单位为 L 或 m^3；n_B 表示溶质 B 的物质的量，单位为 mol 或 mmol；c_B 表示溶质 B 的物质的量浓度，其国际单位是 mol/m^3，但化学和医学上常用 mol/L、mmol/L 等单位来表示。世界卫生组织建议，在医学上表示体液组成时，凡是已知相对分子质量的物质，均应使用物质的量浓度。

如 1 L 生理盐水中含有 0.154 mol 的氯化钠，则该溶液的物质的量浓度为 0.154 mol/L，表示为 $c_{NaCl} = 0.154$ mol/L 或 $c(NaCl) = 0.154$ mol/L。

例 2 – 8 注射生理盐水的规格是 0.5 L 生理盐水中含 4.5 g 氯化钠，求此生理盐水的物质的量浓度为多少？如某病人滴注生理盐水 800 mL，问进入病人体内的氯化钠为多少克？

解：已知氯化钠的摩尔质量是 58.5 g/mol，$V = 800$ mL $= 0.8$ L

$$n_{NaCl} = \frac{m_{NaCl}}{M_{NaCl}} = \frac{4.5}{58.5} \approx 0.076\ 9\ \text{mol}$$

由公式（2 – 6）得

$$c_{NaCl} = \frac{n_{NaCl}}{V} = \frac{0.076\ 9}{0.5} \approx 0.154\ \text{mol/L}$$

$$n_{NaCl} = c_{NaCl} \cdot V = 0.154 \times 0.8 = 0.123\ 2\ \text{mol}$$

$$m_{NaCl} = n_{NaCl} \cdot M_{NaCl} = 0.123\ 2 \times 58.5 = 7.2\ \text{g}$$

答：该生理盐水的物质的量浓度为 0.154 mol/L，进入病人体内的氯化钠为 7.2 g。

课堂练习 2 – 7

计算配制 0.1 mol/L 的硫酸钠溶液 500 mL，需要 $Na_2SO_4 \cdot 10H_2O$ 多少克？已知 $Na_2SO_4 \cdot 10H_2O$ 的摩尔质量为 322 g/mol。

4. 体积分数

溶液中溶质 B 的体积与溶液的体积之比称为溶质 B 的体积分数,其符号为 φ_B 或 $\varphi(B)$。计算公式为:

$$\varphi_B = \frac{V_B}{V} \tag{2-7}$$

式中 V 表示溶液的体积,单位为 L 或 mL;V_B 表示溶质 B 的体积,单位为 L 或 mL;体积分数无单位,可以用小数表示,也可用百分数表示。例如,消毒酒精的体积分数为 0.75 或 75%,表示 100 mL 酒精溶液中含乙醇 75 mL。

例 2 – 9 某药用酒精的体积分数 $\varphi_B = 0.95$,300 mL 该药用酒精中含乙醇多少毫升?

解:根据题目可知 $\varphi_B = 0.95$ $V = 300$ mL

由公式(2 – 7)计算得 $V_B = V \cdot \varphi_B = 300 \times 0.95 = 285$ mL

答:300 mL 该药用酒精中含乙醇 285 mL。

课堂练习 2 – 8

计算量取 750 mL 乙醇配制成 1 000 mL 体积分数为 0.75 的消毒酒精,此消毒酒精的体积分数是多少?

溶液浓度几种表示方法的比较见表 2 – 3。

表 2 – 3　　　　　溶液浓度几种表示方法的比较

浓度名称	符号	计算公式	常用单位	医药实例
质量分数	ω_B	$\omega_B = \frac{m_B}{m}$	无	5% 葡萄糖注射液
质量浓度	ρ_B	$\rho_B = \frac{m_B}{V}$	g/L 或 mg/L	9 g/L 生理盐水
物质的量浓度	c_B	$c_B = \frac{n_B}{V}$	mol/L 或 mmol/L	血浆中 K^+ 4.3 mmol/L
体积分数	φ_B	$\varphi_B = \frac{V_B}{V}$	无	75% 消毒酒精

二、溶液浓度的换算

【案例分析】

案例　学校购买了一批密度为 1.17 g/mL、有效氯含量为 6.0% 的高效"84"消毒液,"84"消毒液有一定的刺激性与腐蚀性,必须稀释后才能使用,现需配制含有效氯为 500 mg/L 的"84"消毒液。

问题　应该如何配制所需浓度的"84"消毒液?

在实际工作中，经常会要对各种溶液进行调配和混合，则需要将溶液浓度由一种表示方法变换成另一种表示方法。溶液浓度的换算只是变换表示浓度的方法，溶液浓度换算前后，虽然数值和单位不同，但溶液的量和溶质的量并未发生任何变化。

1. 质量浓度和物质的量浓度之间的换算

因为

$$c_B = \frac{n_B}{V} \quad n_B = \frac{m_B}{M_B}$$

所以

$$c_B = \frac{m_B/M_B}{V}$$

$$c_B = \frac{\rho_B}{M_B} \tag{2-8}$$

或

$$\rho_B = c_B \cdot M_B \tag{2-9}$$

例 2-10 50 g/L 葡萄糖注射液的物质的量浓度是多少？已知葡萄糖的摩尔质量为 180 g/mol。

解：已知 $\rho_{葡萄糖} = 50$ g/L $\quad M_{葡萄糖} = 180$ g/L

由公式（2-8）计算得

$$c_{葡萄糖} = \frac{\rho_{葡萄糖}}{M_{葡萄糖}} = \frac{50}{180} = 0.278 \text{ mol/L}$$

答：50 g/L 葡萄糖注射液的物质的量浓度是 0.278 mol/L。

例 2-11 0.5 mol/L 碳酸氢钠溶液的质量浓度是多少？

解：已知 $c_{NaHCO_3} = 0.5$ mol/L $\quad M_{NaHCO_3} = 84$ g/mol

由公式（2-9）计算得

$$\rho_{NaHCO_3} = c_{NaHCO_3} \cdot M_{NaHCO_3} = 0.5 \times 84 = 42 \text{ g/L}$$

答：0.5 mol/L 碳酸氢钠溶液的质量浓度是 42 g/L。

课堂练习 2-9

生理盐水的质量浓度 $\rho_{NaCl} = 9$ g/L，则其物质的量浓度是多少？

2. 物质的量浓度和质量分数之间的换算

物质的量浓度常用的单位是 mol/L，质量分数是比值，无单位，两者的换算必须用密度（ρ）做桥梁。

因为

$$c_B = \frac{m_B/M_B}{V}$$

$$V = \frac{m}{\rho}$$

所以

$$c_B = \frac{\omega_B \cdot \rho}{M_B}$$

即

$$\omega_B = \frac{c_B \cdot M_B}{\rho} \tag{2-10}$$

注意，密度（ρ）和质量浓度（ρ_B）之间是有区别的。

例 2 – 12 质量分数为 37% 的浓盐酸，密度为 1.19 kg/L，求其盐酸物质的量浓度是多少？

解： 已知 $\omega_{HCl} = 37\%$　　$\rho = 1.19 \text{ kg/L} = 1\,190 \text{ g/L}$　　$M_{HCl} = 36.5 \text{ g/mol}$

由公式（2 – 10）计算得

$$c_{HCl} = \frac{\omega_{HCl} \cdot \rho}{M_{HCl}} = \frac{0.37 \times 1\,190}{36.5} = 12.06 \text{ mol/L}$$

答： 该浓盐酸的物质的量浓度为 12.06 mol/L。

课堂练习 2 – 10

计算质量分数为 98%、密度 $\rho = 1.84 \text{ g/mL}$ 的浓硫酸的物质的量浓度是多少？

三、溶液的稀释和配制

1. 溶液的稀释

用浓溶液配制一定浓度的稀溶液称为溶液的稀释，稀释过程就是在浓溶液中加入溶剂使溶液的浓度变小的过程。溶液稀释的特点就是稀释后溶液的体积变大，浓度变小，但溶质的量不变，即：稀释前溶质的量 = 稀释后溶质的量。

用"1"代表稀释前的溶液，"2"代表稀释后的溶液，根据浓度的表示方法不同，稀释前后溶质的量不变，有以下几个公式：

$$c_{B_1} \cdot V_1 = c_{B_2} \cdot V_2 \qquad (2-11)$$
$$\rho_{B_1} \cdot V_1 = \rho_{B_2} \cdot V_2 \qquad (2-12)$$
$$\varphi_{B_1} \cdot V_1 = \varphi_{B_2} \cdot V_2 \qquad (2-13)$$
$$\omega_{B_1} \cdot m_1 = \omega_{B_2} \cdot m_2 \qquad (2-14)$$

例 2 – 13 欲配制 0.3 mol/L 的盐酸溶液 500 mL，需取 2 mol/L 的浓盐酸多少毫升？

解： 根据题目可知 $c_{B_1} = 2 \text{ mol/L}$　　$c_{B_2} = 0.3 \text{ mol/L}$　　$V_2 = 500 \text{ mL} = 0.5 \text{ L}$

由公式　　　　　　　　　　$c_{B_1} \cdot V_1 = c_{B_2} \cdot V_2$

$$2 \times V_1 = 0.3 \times 0.5$$

计算得　　　　　　　　　　$V_1 = 0.075 \text{ L} = 75 \text{ mL}$

答： 配制 0.3 mol/L 的盐酸溶液 500 mL，需取 2 mol/L 的浓盐酸 75 mL。

例 2 – 14 用质量分数为 75% 的氯化钠溶液 50 g，能配制质量分数为 20% 的氯化钠溶液多少克？

解： 根据题目可知 $\omega_{B_1} = 75\%$　　$\omega_{B_2} = 20\%$　　$m_1 = 50 \text{ g}$

由公式　　　　　　　　　　$\omega_{B_1} \cdot m_1 = \omega_{B_2} \cdot m_2$

$$75\% \times 50 = 20\% \times m_2$$

计算得　　　　　　　　$m_2 = \frac{75\% \times 50}{20\%} = 187.5 \text{ g}$

答：能配制质量分数为 20% 的氯化钠溶液 187.5 g。

例 2 – 15 欲配制 3 mol/L 硫酸溶液 500 mL，需用 $\omega = 0.98$，密度 $\rho = 1.84$ kg/L 的浓硫酸多少毫升？

解： 当稀释前后浓度表示方法不一致时，首先要进行浓度换算，这里将质量分数换算为物质的量浓度。

（1）浓度换算

根据题目可知 $\omega_{H_2SO_4} = 0.98$ $\rho = 1.84$ kg/L $= 1\,840$ g/L

$$M_{H_2SO_4} = 98 \text{ g/mol} \quad V = 500 \text{ mL}$$

计算得

$$c_{B_1} = \frac{\omega_{H_2SO_4} \cdot \rho}{M_{H_2SO_4}} = \frac{0.98 \times 1\,840}{98} = 18.4 \text{ mol/L}$$

（2）溶液的稀释

已知 $c_{B_1} = 18.4$ mol/L $c_{B_2} = 3$ mol/L $V_2 = 500$ mL $= 0.5$ L

由公式 $\qquad\qquad\qquad c_{B_1} \cdot V_1 = c_{B_2} \cdot V_2$

计算得

$$V_1 = \frac{3 \times 0.5}{18.4} = 0.081\,5 \text{ L} = 81.5 \text{ mL}$$

答：配制 3 mol/L 硫酸溶液 500 mL，需用 $\omega = 0.98$、密度 $\rho = 1.84$ kg/L 的浓硫酸 81.5 mL。

课堂练习 2 – 11

1. 用 $\varphi_B = 0.95$ 的药用酒精 600 mL，能配制 $\varphi_B = 0.75$ 的消毒酒精多少毫升？

2. 配制 0.1 mol/L 盐酸溶液 500 mL，需要质量分数为 37%、密度为 1.19 g/mL 的浓盐酸多少毫升？

3. 将 50 g 98% 的浓硫酸溶于 450 g 水中，所得溶液的质量分数是多少？

在制药及药房工作中，经常需要通过计算，将同一种物质的不同浓度的溶液，按一定的体积比进行混合而得到所需要的浓度的溶液，则会经常使用一种简捷而方便的计算方法——十字交叉法。

【知识链接】

十字交叉法

十字交叉法是一种简捷的经验方法，可方便应用于溶液的混合与稀释。

$$\qquad\qquad\qquad\qquad\qquad\qquad\qquad\qquad\qquad (2 – 15)$$

1. $c_{浓}$、$c_{稀}$ 与 c 可以是溶液浓度表示法 c_B、ρ_B、ω_B 和 φ_B 中的任一种。

2. $c_{浓}$、$c_{稀}$ 与 c 必须采用同一种溶液浓度的表示方法并采用同一单位。

3. $V_{稀}$ 和 $V_{浓}$ 必须采用同一单位并要忽略溶液混合前后体积的变化。

4. 交叉相减得到的 $V_{稀}$ 和 $V_{浓}$ 不是实际值而是计算用的比例值。

例 2 – 16 将体积分数为 0.95 和体积分数为 0.50 的乙醇溶液配制成体积分数为 0.75 的消毒酒精 500 mL，应该如何配制？

解：根据公式（2 – 15）得

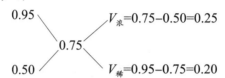

所以配制方法是：把体积分数为 0.95 与体积分数为 0.50 的两种浓度酒精按体积 5：4 的比例混合得到 $\varphi_B = 0.75$ 酒精。

配制体积分数为 0.75 的消毒酒精 500 mL 时

$$V_{浓} = \frac{5 \times 500}{5 + 4} = 278 \text{ mL}$$

$$V_{稀} = \frac{4 \times 500}{5 + 4} = 222 \text{ mL}$$

答：配制体积分数为 0.75 的消毒酒精 500 mL，需要体积分数为 0.95 的酒精 278 mL、体积分数为 0.50 的酒精 222 mL。

2. 溶液的配制

（1）配制溶液所需的仪器

1）天平。天平是准确称取一定物质质量的仪器，常用的天平有托盘天平（如图 2 – 21 所示）和电子天平（如图 2 – 22 所示）。称量时，要根据不同的称量对象，选择合适的天平和称量方法，一般称量使用普通托盘天平即可，对质量精度要求高的样品和基准物质应使用电子天平来称量。

2）移液管。移液管是用来移取一定体积溶液的量器。移液管分为直形和胖肚形两种，直形移液管上有刻度，又称为吸量管或刻度吸量管（如图 2 – 23 左所示），实验室中常用的有 1、5、10 mL 等几种规格，一般只量取小体积的溶液，其准确度比"胖肚"移液管稍差。胖肚形移液管为中间膨大的玻璃管（如图 2 – 23 右所示），只有一个标线，只能准确定量地取一个体积的溶液，实验室中常用的有 5、10、25、50 mL 等几种规格。

3）容量瓶。容量瓶（如图 2 – 24 所示）常用于准确配制一定浓度、一定体积的溶液，为细颈、梨形平底、瓶口有磨口的玻璃瓶，颈部有一标线，瓶上注明温度和容积，实验室常用容量瓶有 50、100、250、500、1 000 mL 等几种规格。

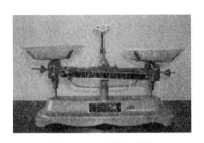
图 2－21 托盘天平

图 2－22 电子天平

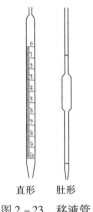
直形　　肚形
图 2－23 移液管

图 2－24 容量瓶

（2）配制溶液的步骤

溶液配制的基本操作通常有两种情况。一种是由溶质直接配制一定浓度的溶液，另一种是由一定浓度的浓溶液稀释配制所需浓度的稀溶液。

1）由溶质直接配制一定浓度的溶液。如配制 9 g/L 的氯化钠溶液 500 mL（配制过程如图 2－25 所示）。

①计算。根据要求，计算所需溶质的量。

已知 $\rho_{NaCl} = 9$ g/L　　$V = 500$ mL $= 0.5$ L

计算得 $m_{NaCl} = \rho_{NaCl} \cdot V = 9 \times 0.5 = 4.5$ g

②称量。根据计算结果，准确称取溶质的质量，放入烧杯中。

③溶解。用量筒量取少量溶剂（约 30 mL）倒入烧杯，用玻璃棒搅拌使之完全溶解。

④转移。将烧杯中的溶液定量转移到 500 mL 容量瓶中。为保证溶质能全部转移到容量瓶中，要用溶剂洗涤烧杯和玻璃棒 3 次，并把洗涤溶液全部转移到容量瓶中。

⑤初步混匀。在已经转移好的容量瓶中加溶剂至约 2/3 处时，然后手拿容量瓶上端摇动容量瓶做圆周运动，使溶液初步混匀。

⑥定容。继续往容量瓶中加水至离标线大约 1 cm 处时，改用胶头滴管小心滴加蒸馏水

至溶液凹液面的最低点与标线正好相切。

⑦摇匀。盖好瓶塞，一只手食指顶住瓶塞，拇指和中指轻扶瓶颈，另一手托住瓶底，倒置，复原，如此重复15次左右，使其充分混匀。

【小提示】

容量瓶定容摇匀后发现液面低于刻度线，不需要补加水至刻度线，否则会使溶液的浓度偏低。

⑧存放。将配制好的溶液倒入指定的试剂瓶中，盖好瓶盖，贴上标签（注明溶液名称、浓度、配制时间、配制人等），备用。容量瓶不能长期储存溶液。

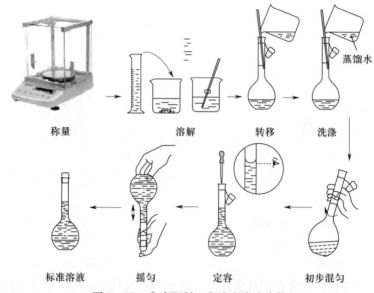

图 2-25 准确配制一定浓度溶液步骤

2）由一定浓度的浓溶液配制所需浓度的稀溶液。如由体积分数为 0.95 的药用酒精配制体积分数为 0.75 的消毒酒精溶液 500 mL。

①计算。计算配制一定体积稀溶液所需浓溶液的体积。

已知 $\varphi_{B_1} = 0.95$ $\varphi_{B_2} = 0.75$ $V_2 = 500$ mL

由公式 $\varphi_{B_1} \cdot V_1 = \varphi_{B_2} \cdot V_2$

得 $0.95 \times V_1 = 0.75 \times 500$

计算得 $V_1 = 395$ mL

需体积分数为 0.95 的药用酒精 395 mL。

②量取。用量筒量取所需的浓溶液。

③稀释。将已量取好的浓溶液放在烧杯中，加溶剂稀释。

④存放。将配制好的溶液倒入指定的试剂瓶中，盖好瓶盖，贴上标签，备用。

四、渗透压

【任务引入】

案例 某同学参加了学校游泳训练队，每次训练时间过长都会有不同程度的眼睛红胀甚至疼痛的现象。

问题 这是什么原因造成的？

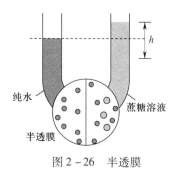

图 2 - 26 半透膜

1. 渗透现象

半透膜是一种具有特殊性质的薄膜，只允许较小的溶剂分子（如 H_2O 分子）通过，而不允许溶质分子透过。如图 2 - 26 所示，半透膜只允许水分子透过，而蔗糖分子却不能透过。细胞膜等生物膜都具有半透膜的性质。人工制造的火棉胶膜、玻璃纸等也具有半透膜的性质。

如图 2 - 27a 所示，由于纯水的浓度比蔗糖溶液的浓度低，水分子可通过半透膜，而蔗糖分子很难通过。一段时间后，蔗糖溶液一侧液面上升（如图 2 - 27b 所示）。这是由于水分子可以同时向两个相反的方向通过半透膜扩散（如图 2 - 27b 所示），而在单位体积内，纯水中水分子的数目比蔗糖浓溶液中的水分子多，因此，水分子在单位时间内从纯水进入蔗糖溶液的数目，要比蔗糖溶液中水分子在同一时间内进入纯水的数目多，所以蔗糖溶液一侧液面上升。这种由于半透膜两侧溶质粒子浓度的差异，溶剂分子通过半透膜自发地由浓度较低溶液向浓度较高溶液方向扩散的过程，称为渗透现象，简称渗透。产生渗透现象必须具备两个条件：一是有半透膜存在，二是半透膜两侧必须是两种不同浓度的溶液。

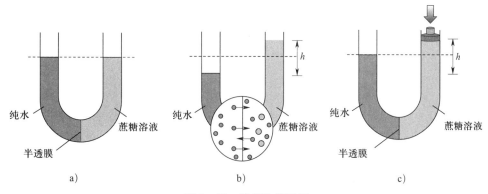

图 2 - 27 渗透和渗透压

在液面上升的同时，产生静水压，阻止水分子向溶液中渗透。随着液面的不断升高，这种静水压逐渐增大。当静水压增大到一定程度，上升的液面高度为 h 时，液面就会停止上升（如图 2 - 27c 所示）。此时，水分子进出半透膜的速度相等，即渗透达到动态平衡。这种为阻止渗透现象的发生，在溶液液面上所施加的压力为该溶液的渗透压。

渗透压的 SI 单位是 Pa（帕斯卡），医药上常用 kPa（千帕）表示。

【知识链接】

血液透析

听说过血液透析吗？首先要了解人的肾功能知识。人体的肾是一个特殊的渗透器，使代谢过程中产生的废物经渗透随尿液排出体外，而将有用的蛋白质保留下来。当人患有肾功能障碍时，肾就会失去功能，血液中大量的代谢废物就不能随尿液排出体外，引起中毒。病人必须按时做血液透析排出废物。

血液透析，简称血透，是净化血液的一种技术。当病人的血液通过浸在透析液中的透析膜进行体外循环和透析时，利用半透膜原理，血液中重要的胶体蛋白质和血细胞不能透过，血液内的毒性物质（各种有害的代谢废物和过多的电解质）则可以透过，扩散到透析液中而被除去。病人靠它获得暂时的身体健康。

2. 低渗、等渗和高渗溶液

在相同温度下，若两种溶液的浓度相同，则它们的渗透压相等，称为等渗溶液，若两种溶液的渗透压不相等，则浓度较高的溶液称为高渗溶液，浓度较低的溶液称为低渗溶液。

在医学上溶液的等渗、低渗或高渗是以血浆总渗透压为标准的。正常人血浆的渗透压为 720～800 kPa。相当于血浆中能产生渗透作用的各种粒子的总浓度为 280～320 mmol/L，凡是溶质的粒子总浓度在此范围内的溶液均称为等渗溶液，浓度低于 280 mmol/L 的溶液称为低渗溶液，高于 320 mmol/L 的溶液称为高渗溶液（如图 2-28 所示）。

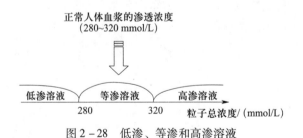

图 2-28　低渗、等渗和高渗溶液

医药上常用的等渗溶液有 9 g/L 的 NaCl 溶液、50 g/L 的葡萄糖溶液、1/6 mol/L 的乳酸钠溶液等，常用的高渗溶液有 100 g/L 的 NaCl 溶液、1 mol/L 的乳酸钠溶液、100 g/L 的葡萄糖溶液等。

在给病人输液时，常用与血浆等渗的溶液。这是因为红细胞内液为等渗溶液，当红细胞置于低渗溶液中时，溶液的渗透压低于细胞内液的渗透压，水分子透过细胞膜向细胞内渗透，红细胞将逐渐膨胀，当膨胀到一定程度后，红细胞就会破裂，释出血红蛋白，这种现象在医学上称为溶血现象，如图 2-29a 所示。当红细胞置于高渗溶液中时，溶液的渗透压高于细胞内液的渗透压，水分子透过细胞膜向外渗透，红细胞将逐渐皱缩，这种现象在医学上称为胞浆分离，如图 2 -29b 所示。皱缩后的细胞失去了弹性，当它们相互碰撞时，就可能粘连在一起而形成血栓。只有在等渗溶液中时，红细胞才能保持其正常形态和生理活性，如图 2 -29c 所示。溶血现象和血栓的形成在临床上都可能会对病人造成严重的后果。

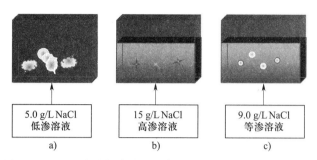

| 5.0 g/L NaCl 低渗溶液 | 15 g/L NaCl 高渗溶液 | 9.0 g/L NaCl 等渗溶液 |
| a) | b) | c) |

图 2 - 29 红细胞在低渗溶液、高渗溶液和等渗溶液中的变化

【知识链接】

海水淡化

海水淡化即利用海水脱盐生产淡水，是实现水资源利用的开源增量技术，可以增加淡水总量，且不受时空和气候影响，水质好，价格渐趋合理，可以保障沿海居民饮用水和工业锅炉补水等稳定供水。

反渗透法通常又称为超过滤法，是 1953 年才开始采用的一种膜分离淡化法。该法利用只允许溶剂透过、不允许溶质透过的半透膜将海水与淡水分隔开（如图 2 - 30 所示）。在通常情况下，淡水通过半透膜扩散到海水一侧，从而使海水一侧的液面逐渐升高，直至一定的高度才停止，这个过程称为渗透。此时，海水一侧高出的水柱静压称为渗透压。

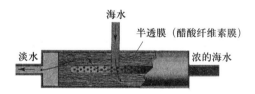

图 2 - 30 反渗透法原理示意图

实训三 溶液的配制与稀释

一、实训目的

1. 理解

一定浓度溶液的配制和溶液稀释的原理和方法。

2. 应用

托盘天平、量筒（量杯）、容量瓶、移液管等仪器的使用。

二、器材准备

1. 仪器

托盘天平、烧杯、玻璃棒、量筒或量杯（50 mL）、胶头滴管、容量瓶（50 mL、100 mL）、移液管（5 mL）、洗耳球、角匙。

2. 试剂

固体氯化钠、乙醇（$\varphi_B = 95\%$）、固体碳酸钠、2 mol/L 的盐酸溶液。

三、实训内容与步骤

1. 实训指导

配制一定浓度的溶液，应先根据所配溶质的摩尔质量、所要制备溶液的浓度和量，计算出所需溶质的质量。若溶质是浓溶液，通常情况下，量取液体体积比称取质量的操作方便，故常把浓溶液的量换算成体积，再量取该体积的浓溶液，稀释到所需体积。溶液稀释前后溶质的量保持不变。

2. 操作步骤

（1）质量浓度溶液的配制：配制 9 g/L 的氯化钠溶液 100 mL。

1）计算。算出配制质量浓度为 9 g/L NaCl 溶液 100 mL，需要固体 NaCl 多少克。

2）称量。用托盘天平称量所需固体 NaCl 放入 100 mL 烧杯中。（注意，这只是练习，实际工作中用容量瓶配制溶液时，不应该用托盘天平称量。）

3）溶解。用量筒取 30 mL 蒸馏水倒入烧杯中，用玻璃棒搅拌使固体 NaCl 完全溶解。

4）转移。将溶液用玻璃棒引流入 100 mL 容量瓶中，再用少量蒸馏水洗烧杯和玻璃棒 3 次，洗涤液注入容量瓶中。

5）初步混匀。在已经转移好的容量瓶中加溶剂至约 2/3 处时，然后手拿容量瓶上端摇动容量瓶做圆周运动，使溶液初步混匀。

6）定容。继续往容量瓶中加入蒸馏水距 100 mL 标线 1 cm 处时，改用胶头滴管逐滴加蒸馏水，至溶液凹液面最低点与 100 mL 刻度线相切。

7）摇匀。把玻璃塞盖紧，一手食指顶着瓶盖，拇指和中指轻扶瓶颈，另一只手的各指尖顶住平底四周，倒置、复原，如此重复 15 次，使其充分混匀。

8）将配制好的溶液倒入指定的试剂瓶中。

（2）体积分数溶液的配制：用体积分数 $\varphi_B = 95\%$ 的药用酒精稀释成体积分数为 $\varphi_B = 75\%$ 的消毒酒精 50 mL。

1）计算。算出配制体积分数为 $\varphi_B = 75\%$ 的消毒酒精 50 mL 所需药用酒精的体积。

2）量取。用 50 mL 量筒或量杯量取所需的 $\varphi_B = 95\%$ 药用酒精。

3）定容。在量筒或量杯中加蒸馏水至接近 50 mL 刻度线，改用滴管滴加蒸馏水至

50 mL。用玻璃棒搅匀，即得所需 $\varphi_B = 75\%$ 的消毒酒精。

4）将配制好的溶液倒入指定的试剂瓶中。

（3）物质的量浓度溶液的配制：配制 0.1 mol/L 的碳酸钠溶液 100 mL。

1）计算。算出配制 0.1 mol/L 的碳酸钠溶液 100 mL，需要固体碳酸钠多少克。

2）称量。用托盘天平称量所需固体碳酸钠放入 100 mL 烧杯中。（注意，这只是练习，实际工作中用容量瓶配制溶液时，不应该用托盘天平称量。）

3）溶解。用量筒取 30 mL 蒸馏水倒入烧杯中，用玻璃棒搅拌使固体碳酸钠完全溶解。

4）转移。将溶液用玻璃棒引流入 100 mL 容量瓶中，再用少量蒸馏水洗烧杯和玻璃棒 3 次，洗涤液注入容量瓶中。

5）初步混匀。在已经转移好的容量瓶中加溶剂至约 2/3 处时，然后手拿容量瓶上端摇动容量瓶做圆周运动，使溶液初步混匀。

6）定容。继续往容量瓶中加入蒸馏水距 100 mL 标线 1 cm 处时，改用胶头滴管逐滴加蒸馏水，至溶液凹液面最低点与 100 mL 刻度线相切。

7）摇匀。把玻璃塞盖紧，一手食指顶着瓶盖，拇指和中指轻扶瓶颈，另一只手的各指尖顶住平底四周，倒置、复原，如此重复 15 次，使其充分混匀。

8）将配制好的溶液倒入指定的试剂瓶中。

（4）物质的量浓度溶液的稀释：用 2 mol/L 盐酸溶液稀释成 0.1 mol/L 盐酸溶液 100 mL。

1）计算。算出配制 0.1 mol/L 盐酸溶液 100 mL 需用 2 mol/L 盐酸溶液的体积。

2）移取。用 5 mL 的移液管移取所需 2 mol/L 盐酸溶液，并移至 100 mL 容量瓶中。

3）定容。往容量瓶中加蒸馏水至离标线约 1 cm 处，改用胶头滴管逐滴加蒸馏水，至溶液凹液面最低点与 100 mL 刻度线相切。

4）摇匀。把玻璃塞盖紧，一手食指顶着瓶盖，拇指和中指轻扶瓶颈，另一只手的各指尖顶住平底四周，倒置、复原，如此重复 15 次，使其充分混匀。

5）将配制好的溶液倒入指定的试剂瓶中。

3. 注意事项

（1）溶液转移时，一定要用玻璃棒引流，不能将溶液洒在容量瓶外面。

（2）定容时，水不能加多了或少了，视线一定要平视刻度，不能俯视或仰视。

四、实训测评

1. 用蒸馏水洗净后的吸量管（或移液管）在使用前还要用待吸取的溶液来洗涤吗？为什么？

2. 用容量瓶配制溶液时，溶质在烧杯中溶解并转移到容量瓶后，为什么还要将烧杯洗涤 3 次的洗液都转移到容量瓶中？

3. 用量筒（或容量瓶）配制溶液时，若加蒸馏水超过了刻度线，倒出一些溶液再重新加蒸馏水到刻度线，这种做法对吗？为什么？

知识回顾

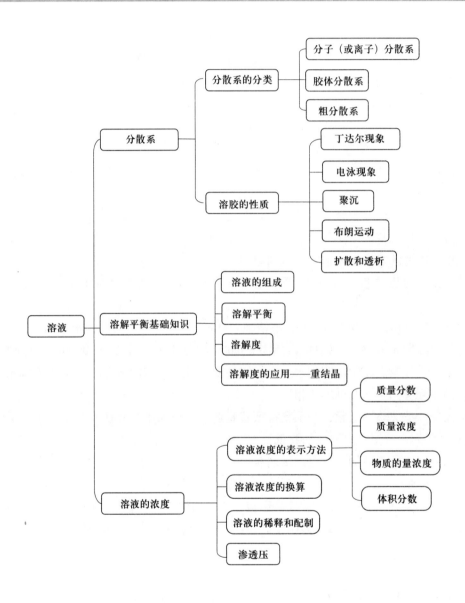

目标检测

一、单项选择题

1. 按溶液、浊液、胶体的顺序排列正确的是 ( )。

A. 食盐水、牛奶、豆浆   B. 碘酒、泥水、血液

C. 白糖水、食盐水、茶叶水   D. $Ca(OH)_2$ 悬浊液、澄清石灰水、石灰浆

2. $Fe(OH)_3$ 胶体与 $FeCl_3$ 溶液共同的性质是 ( )。

A. 两者都有丁达尔现象

B. $Fe(OH)_3$ 胶体是红褐色沉淀

C. 两者都能透过滤纸

D. 两者都很稳定，其中 $Fe(OH)_3$ 胶体比 $FeCl_3$ 溶液更稳定

3. 英国《自然》杂志曾报告说，科学家用 DNA 制造出一种臂长只有 7 nm 的纳米级镊子，这种镊子能钳起分子或原子，并对它们随意组合。下列分散系中分散质的微粒直径与纳米级粒子具有相同数量级的是 ( )。

A. 溶液   B. 悬浊液   C. 乳浊液   D. 胶体

4. 鉴别胶体和溶液可以采取的方法是 ( )。

A. 蒸发   B. 从外观观察

C. 稀释   D. 利用丁达尔现象实验

5. 以下有关溶液的说法正确的是 ( )。

A. 任何溶液都只含有一种溶质   B. 只有固体能作溶质

C. 只有水能作溶剂   D. 溶液的各部分性质均一样

6. 在一定温度时，某溶质的溶解度为 s 克，则该温度时饱和溶液中溶质的质量分数 ( )。

A. 大于 $s\%$ B. 等于 $s\%$ C. 小于 $s\%$ D. 无法判断

7. 能证明 KNO_3 溶液在 20 ℃时已达到饱和状态的叙述是 ( )。

A. 在条件不变的情况下，该溶液始终是稳定的

B. 取少量该溶液，升温后无 KNO_3 晶体析出

C. 取少量该溶液，降温到 10 ℃时，有 KNO_3 晶体析出

D. 温度不变时，向该溶液中加入少量 KNO_3 晶体，晶体不再溶解

8. 在一瓶不含晶体的 NaCl 饱和溶液中，当温度不变时，加入少量 NaCl 晶体，则 ( )。

A. 溶液的质量增大   B. 晶体的质量不变

C. 晶体的质量增大   D. 晶体溶解一部分

9. 1 mol/L 硫酸溶液的含义是（　　）。

A. 1 L 水中溶解 1 mol H_2SO_4

B. 1 L 溶液中含 1 mol H^+

C. 将 98 g H_2SO_4 溶于 1 L 水所配成的溶液

D. 1 L 硫酸溶液中含有 98 g H_2SO_4

10. 关于 100 g 5% NaCl 溶液，下列叙述正确的是（　　）。

A. 100 g 水溶解了 5 g NaCl

B. 5 g NaCl 溶解在 95 g 水中

C. 溶液中 NaCl 和水的质量比为 1：20

D. 溶液中 NaCl 和水的质量比为 19：1

11. 配制 0.2 mol/L 的 Na_2CO_3（$M = 106$ g/mol）500 mL，需要称量碳酸钠固体（　　）。

A. 5.3 g　　　　　B. 10.6 g　　　　　C. 21.2 g　　　　　D. 0.6 g

12. 从 100 g 质量分数 15% NaCl 溶液中取出 20 g 溶液，与原溶液相比，取出后的溶液没有发生变化的是（　　）。

A. 溶质的质量　　　　　　　　　　B. 溶剂的质量

C. 溶液的质量　　　　　　　　　　D. 溶质的质量分数

13. 某含氯消毒泡腾片规格为 1.5 g/片，含有效氯质量分数 35%，则每片含有效氯（　　）。

A. 1.5 g　　　　　B. 35 mg　　　　　C. 525 mg　　　　　D. 1.2 g

14. 50 g 质量分数 98% 的浓硫酸溶于 450 g 水中，所得溶液中溶质的质量分数为（　　）。

A. 9.8%　　　　　B. 10.2%　　　　　C. 10.9%　　　　　D. 19.6%

15. 欲配制 100 g 质量分数为 10% 的氯化钠溶液，需要的仪器组合是（　　）。

①托盘天平　②烧杯　③玻璃棒　④100 mL 量筒

A. ①②　　　　　B. ①②③　　　　　C. ①②③④　　　　　D. ①②④

16. 静脉滴注大量 0.9 g/L NaCl 溶液，结果会（　　）。

A. 正常　　　　　B. 基本正常　　　　　C. 溶血　　　　　D. 胞浆分离

17. 正常人血浆中能产生渗透作用的各种粒子的总浓度为（　　）。

A. 280 ~ 320 mmol/L　　　　　　　B. 720 ~ 800 mmol/L

C. 低于 280 mmol/L　　　　　　　D. 高于 320 mmol/L

18. 50 g/L 的葡萄糖溶液属于（　　）溶液。

A. 等渗　　　　　B. 低渗　　　　　C. 高渗　　　　　D. 无法确定

二、填空题

1. 溶液是最常用的体系，它表现出_____、_____、稳定的特点。

2. 胶体溶液具有_____效应。

3. （1）在甲烧杯中加入 20 mL 蒸馏水，加热至沸腾后，向沸水中滴入几滴饱和 $FeCl_3$ 溶液继续煮沸直至溶液呈_____色，停止加热，即可制得 $Fe(OH)_3$ 胶体。

（2）另取乙烧杯，加入 20 mL 蒸馏水，向烧杯中加入 1 mL $FeCl_3$ 溶液，振荡均匀后，将乙烧杯与甲烧杯一起置于暗处，分别用激光笔照射烧杯中的液体，可以看到_____。杯中的液体产生丁达尔效应（丁达尔现象），这个实验可以用来区别_____。

（3）已知胶体具有下列性质：在胶体中加入合适的酸、碱、盐等化合物，可使胶体发生聚沉（生成沉淀）。取甲烧杯中的少量 $Fe(OH)_3$ 胶体置于试管中，向试管中逐滴滴加稀盐酸，边滴边振荡。先出现红褐色沉淀，原因是胶体发生了_____。

4. 溶液是由_____和_____组成的，溶液的质量_____溶质和溶剂的质量之和（等于、不等于），溶液的体积_____溶质和溶剂的体积之和（等于、不等于）。

5. 食盐水中加入少量高锰酸钾晶体，溶质是_____，溶剂是_____。

6. 要使即将饱和的硝酸钾溶液变成饱和溶液，采用的方法是_____或_____。

7. 渗透现象产生的条件是（1）_____（2）_____。

8. 在一定温度下，稀溶液渗透压的大小与单位体积内溶液中所含溶质的粒子_____成正比，与溶质粒子的_____和_____无关。

9. 如要将 100 g 溶质质量分数为 20% 的硝酸钾溶液稀释成溶质质量分数为 10% 的硝酸钾溶液，需要加水的质量为_____g。

10. 配制 100 g 溶质质量分数为 16.5% 的 NaCl 溶液，需食盐_____ g；若用托盘天平称量食盐时，食盐放在右盘，砝码放在左盘（1 g 以下用游码），所配制溶液中的质量分数_____。（偏大、不变、偏小）

三、判断题

1. 工厂的电除尘器利用了胶体电泳的性质。 （ ）

2. 溶液和胶体两种分散系的本质区别为是否具有丁达尔效应。 （ ）

3. 只有难溶电解质在溶液中才存在溶解平衡。 （ ）

4. 将 50 g 质量分数为 10% 的 NaCl 溶液稀释成 100 g 质量分数为 5% 的 NaCl 溶液，稀释后溶液中溶质是稀释前溶液中溶质质量的一半。 （ ）

5. 随着温度的升高，所有物质的溶解度都增大。 （ ）

6. 生理盐水的规格是 0.5 L 生理盐水中含 NaCl 4.5 g，则其质量浓度为 9 g/L。（ ）

7. 定容时，将容量瓶放在桌面上，使刻度线和视线保持水平，滴加蒸馏水至弯月面下缘与标线相切。 （ ）

8. 将 50 g 质量分数 10% 的硫酸溶液跟 50 g 质量分数 20% 的硫酸溶液混合后，溶液的质量分数为 30%。 （ ）

9. 100 mL 血清中含 10.0 mg Ca^{2+} 离子，则 Ca^{2+} 离子物质的量浓度为 2.5 mol/L。（ ）

10. 临床上，除了大量补液一般需要等渗外，配制眼用制剂也要考虑等渗。 （ ）

四、简答题

1. 使溶胶聚沉的常用方法有哪些？

2. 影响气体溶解度的因素有哪些？

3. 在给病人输液时，为什么常用与血浆等渗的溶液？

五、综合题

1. 2.4 g 镁与 50 g 稀盐酸恰好完全反应。求：

（1）稀盐酸中溶质、溶剂的质量各是多少？

（2）反应后所得溶液及其中溶质和溶剂的质量各是多少？

2. 欲配制 50 g 质量分数为 5% 的氯化钠溶液，需要氯化钠多少克？水多少毫升？

3. 试求质量分数为 32%，密度为 1.2 g/mL 的硝酸溶液的物质的量浓度。

4. 欲配制物质的量浓度 $c_B = 2$ mol/L 的 H_2SO_4 溶液 250 mL，计算需质量分数 $\omega_B = 98\%$，溶液密度 $\rho = 1.84$ kg/L 的浓 H_2SO_4 的体积是多少？

5. 药用酒精的体积分数是 0.95，消毒酒精的体积分数是 0.75，配制消毒酒精 95 mL，需要量取药用酒精的体积是多少？

第三章

化学反应速率与化学平衡

物质发生化学变化的过程中，通常会涉及两个方面的问题：一方面是物质变化的快慢，属于化学反应速率问题的范畴；另一方面是物质能否发生变化，或者变化程度，属于化学平衡问题的范畴。人食五谷杂粮，总有生病的时候。当人们生病时服用药物，会考虑药物起效时间以及服用药物后身体吸收程度，这些都会涉及化学反应速率与化学平衡的问题。

§3-1　化学反应速率

 学习目标

1. 掌握化学反应速率的计算及同一化学反应用不同物质浓度变化表示化学反应速率间的换算。

2. 熟悉各种因素对化学反应速率的影响。

3. 了解化学反应速率的概念。

【任务引入】

随着生活水平的提高，人们越来越注重保养身体。因此，大量的保健品进入人们的日常生活中。在购买这些保健品时，人们总会不由自主地观察生产日期和有效期。

问题　1. 为什么人们会注意观察生产日期和有效期？

　　　　2. 影响有效期的外界因素有哪些？

一、化学反应速率

在日常生活和工业生产中，不同物质间的化学反应进行得快慢差距非常大。有部分化学反应进行得很快，如鞭炮炸裂、照相底片的感光、燃烧反应、中和反应等；有部分化学反应进行得很慢，如塑料的降解、煤的形成、橡胶的老化等。对于同一化学反应而言，不同的反应条件，反应进行得快慢也不同。

为了定量地描述化学反应进行的快慢程度，我们引入了化学反应速率的概念。化学反应速率是以单位时间内反应物 A 浓度的减少或生成物 B 浓度的增加来表示的。计算公式为：

$$\nu = -\frac{\Delta c_A}{\Delta t} = \frac{\Delta c_B}{\Delta t} \qquad (3-1)$$

反应物和生成物的浓度以物质的量浓度表示，单位为 mol/L，时间的单位为 s、min、h。因此，化学反应速率的单位为 mol/（L·s）、mol/（L·min）、mol/（L·h）。由于反应物浓度随着时间而降低，生成物浓度随着时间而增加，为了使化学反应速率都是正值，为此，在用反应物浓度变化表示的化学反应速率计算公式前加一个 " - " 号。

例 3-1 在工业合成氨的过程中，反应进行 10 min 后，氮气的浓度从 8 mol/L 变为 7 mol/L，氢气的浓度从 12 mol/L 变为 9 mol/L，氨气的浓度从 4 mol/L 变为 6 mol/L，分别以 N_2、H_2、NH_3 浓度变化来表示该反应化学反应速率各为多少？

解：
$$N_2 + 3H_2 \rightleftharpoons 2NH_3$$

初始浓度 　　 8 　 12 　　 4

10 min 后浓度 7 　　 9 　　 　 6

$$\nu_{N_2} = -\frac{7-8}{10} = 0.1 \text{ mol/（L·min）}$$

$$\nu_{H_2} = -\frac{9-12}{10} = 0.3 \text{ mol/（L·min）}$$

$$\nu_{NH_3} = \frac{6-4}{10} = 0.2 \text{ mol/（L·min）}$$

$$\frac{\nu_{N_2}}{1} = \frac{\nu_{H_2}}{3} = \frac{\nu_{NH_3}}{2} = 0.1 \text{ mol/（L·min）}$$

对于同一化学反应，用不同的物质表示反应速率时，速率之间的关系由化学反应式中的计量关系决定。因此，不同物质表示同一化学反应时，反应速率不一定相等，与化学计量关系成正比。

课堂练习 3-1

1. 反应 $2A(g) + B(g) \rightleftharpoons C(g) + 3D(g)$，反应 2 min 内 B 的浓度减少了 0.3 mol/L，用 4 种物质表示此反应的化学反应速率。

2. 反应 $3A(g) + B(g) \rightleftharpoons 4C(g) + 4D(g)$，在 4 种不同情况下用不同物质表示的反应速率分别如下，其中反应速率最小的是（　　　）。

A. $\nu_A = 0.06$ mol/（L·min）　　　　　B. $\nu_B = 0.03$ mol/（L·min）

C. $\nu_C = 0.08$ mol/（L·min）　　　　　D. $\nu_D = 0.02$ mol/（L·min）

二、影响化学反应速率的因素

影响化学反应速率的因素较多，首先是反应物的性质和结构，其次是外界条件的影响，如物质的浓度、反应时压强的变化、实验的温度、催化剂的使用等。在实际应用中，通常会通过改变外界条件来改变化学反应速率。

1. 浓度对化学反应速率的影响

【案例分析】

案例 观察 $Na_2S_2O_3$ 与不同浓度 H_2SO_4 反应，出现混浊的时间。取 2 支试管，编号 1、2 号，分别加入 0.1 mol/L $Na_2S_2O_3$ 2 mL，1 号试管加入 0.1 mol/L H_2SO_4 2 mL，2 号试管加入 0.05 mol/L H_2SO_4 2 mL。

问题 1. 观察出现什么实验现象？

2. 根据实验现象，能得出怎样的实验结论？

实验现象：1 号试管先出现混浊，2 号试管后出现混浊。

实验结论：反应物浓度大，化学反应速率快。

通过大量的实验能够证明：当其他外界条件不变的情况下，增加反应物浓度，会加快反应速率；降低反应物浓度，会减慢反应速率。

2. 压强对化学反应速率的影响

在化学反应中，有气态物质参与时，压强会影响该化学反应的速率。保持温度一定的情况下，一定量气体的体积与其所受的压强成反比。例如，气体压强增加到原来的 2 倍，气体体积减小到原来的一半，单位体积的分子数增加到原来的 2 倍，所以气体浓度变为原来的 2 倍，如图 3 - 1 所示。

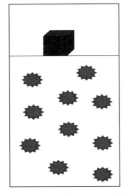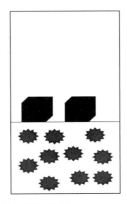

图 3 - 1 压强与气体体积关系示意图

对于有气态物质参与的反应，在其他外界条件不变的情况下，增大压强，会加快化学反应速率；降低压强，会减慢化学反应速率。

压强的改变，对于固体或者液体体积的影响非常小，浓度变化也小。因此，压强的改变，对于固体或者液体物质反应速率的影响可以忽略不计。

3. 温度对化学反应速率的影响

【案例分析】

案例 观察 $Na_2S_2O_3$ 与 H_2SO_4 反应，当实验温度不同时出现混浊的时间。取 2 支试管，编号 1、2 号，分别加入 0.1 mol/L $Na_2S_2O_3$ 2 mL，1 号试管放入冰水中，2 号试管放入 50 ℃ 水中。5 min 后，同时加入 0.1 mol/L H_2SO_4 2 mL。

问题 1. 观察出现什么实验现象？

2. 根据实验现象，能得出怎样的实验结论？

实验现象：1 号试管后出现混浊，2 号试管先出现混浊。

实验结论：反应温度越高，化学反应速率越快。

通过大量的实验能够证明：当其他外界条件不变的情况下，升高温度，会加快反应速率；降低温度，会减慢反应速率。温度每升高 10 ℃，反应速率能增加 2～4 倍。因此，在进行实际生产时，通常会采用加热的方法加快反应速率；在一些疫苗保存时，将其置于冰箱中，以减慢反应速率。

4. 催化剂对化学反应速率的影响

催化剂可以改变其他物质的化学反应速率，而自身的组成、性质和质量均不会发生改变。加快反应速率的为正催化剂，减慢反应速率的为负催化剂。若未进行特殊说明，默认催化剂为正催化剂。

催化作用是一种普遍存在的现象，但是催化剂不是万能的，一般只针对某一个反应或者一类反应有效。例如，人体内的水解酶也属于催化剂，它的活性虽很强，但只能促进体内水解反应的进行。

影响化学反应速率的因素多种多样，除浓度、压强、温度和催化剂外，紫外线、水分、pH、物质的状态等也能影响反应速率。

§3-2　化学平衡

 学习目标

1. 掌握化学平衡、化学平衡移动原理和化学平衡相关计算。

2. 熟悉化学平衡常数的意义和表达式的书写。

3. 了解可逆反应的概念。

【任务引入】

随着天气逐渐转冷，有的老年人会出现关节疼痛的问题。这是因为气温下降，关节内部的关节滑液形成了尿酸晶体，就会出现疼痛；而天气暖和时，尿酸晶体就会溶解。因此，医生会建议老年人注意防寒保暖，尤其是关节部位，这其中应用的就是化学平衡移动的原理。

问题 1. 什么是化学平衡移动？
2. 为什么会发生化学平衡移动？

一、可逆反应与化学平衡

1. 可逆反应

化学反应种类多种多样，有的化学反应能完全进行，反应物能全部转化为生成物，这类反应称为不可逆反应，反应物与生成物之间用"$=$"进行连接。例如：

$$KOH + HCl = KCl + H_2O$$

但是在一定条件下，也有一些化学反应反应物在转化为生成物的同时，生成物也在转化为反应物，两个方向反应是同时进行的，这类反应称为可逆反应，反应物与生成物之间用"$\rightleftharpoons$"进行连接。例如：

$$N_2 + 3H_2 \rightleftharpoons 2NH_3$$

一般情况下，将从左往右进行的反应称为正反应，从右往左的反应称为逆反应。

2. 化学平衡

可逆反应是指反应物在转化为生成物的同时生成物也在转化为反应物，即反应物与生成物是同时存在的。例如，在合成氨气的过程中，在高温、高压以及催化剂存在的条件下，通入 N_2 和 H_2 混合。当反应刚刚开始进行时，反应物 N_2 和 H_2 的浓度最大，因此正反应速率最大；而此时，生成物 NH_3 的浓度为 0，所以逆反应速率为 0。随着反应的不断进行，反应物 N_2 和 H_2 不断消耗，浓度逐渐减小，正反应速率逐渐减慢；而随着生成物 NH_3 不断生成，浓度逐渐增大，逆反应速率逐渐加快。一段时间后，正反应速率和逆反应速率会相等（如图 3－2 所示），此时反应物和生成物浓度都不再改变。可以认为，在此条件下，该反应已达到最大限度。这种在一定条件下，正反应速率和逆反应速率相等，浓度不随时间变化发生改变的状态称为化学平衡状态。它和溶解平衡一样，是一种动态平衡，在平衡状态下各物质的浓度称为平衡浓度。

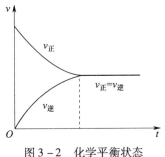

图 3－2 化学平衡状态

化学平衡状态的特点如下。

（1）正反应速率和逆反应速率相等。

（2）在外界条件不变的情况下，各物质浓度不变。

（3）化学平衡状态是一个动态平衡。

（4）化学平衡状态是可逆反应进行到最大限度的标志。

二、化学平衡常数

1. 化学平衡常数的概念

通过大量实验证明，当温度一定而可逆反应达到化学平衡状态时，各物质的浓度不一定相等，但存在一定的关系。例如，反应物和生成物均是溶液的可逆反应：

$$mM + nN \rightleftharpoons pP + qQ$$

当反应达到化学平衡状态时，生成物浓度系数次方的乘积与反应物浓度系数次方的乘积之比的值为常数，这个常数称为化学平衡常数，用 K 表示，其计算公式为：

$$K = \frac{c_P \cdot c_Q}{c_M \cdot c_N} \qquad (3-2)$$

式中 c 表示化学平衡时各物质的平衡浓度。

书写化学平衡常数表达式时的注意事项如下。

（1）化学平衡常数表达式中，反应体系中固体、纯液体及参加反应稀溶液中的水的浓度几乎不受反应进行程度的影响，在书写表达式时，需要省略。例如：

$$CaCO_3(s) \rightleftharpoons CaO(s) + CO_2(g)$$

$$K = c_{CO_2}$$

（2）化学平衡常数表达式与化学反应方程式的书写有关。例如：

$$CO(g) + H_2O(g) \rightleftharpoons CO_2(g) + H_2(g)$$

$$K_1 = \frac{c_{CO_2} c_{H_2}}{c_{CO} c_{H_2O}}$$

$$2CO(g) + 2H_2O(g) \rightleftharpoons 2CO_2(g) + 2H_2(g)$$

$$K_2 = \frac{c_{CO_2}{}^2 c_{H_2}{}^2}{c_{CO}{}^2 c_{H_2O}{}^2}$$

$$\frac{1}{2}CO(g) + \frac{1}{2}H_2O(g) \rightleftharpoons \frac{1}{2}CO_2(g) + \frac{1}{2}H_2(g)$$

$$K_3 = \frac{c_{CO_2}{}^{\frac{1}{2}} c_{H_2}{}^{\frac{1}{2}}}{c_{CO}{}^{\frac{1}{2}} c_{H_2O}{}^{\frac{1}{2}}}$$

$$K_1 = K_2^{\frac{1}{2}} = K_3^2$$

2. 化学平衡常数的意义

（1）化学平衡常数只与温度有关，与物质浓度无关。在一定温度下，对指定的反应它是常数。

（2）化学平衡常数值的大小是反应进行程度的标志。值越大，说明平衡时生成物浓度越大，反应物浓度越小，反应物的转化率越高；值越小，说明反应物的转化率越低。

例 3 – 2 某温度下，将 CO 和 H_2O 各 0.2 mol 的气态混合物充入 20 L 的密闭容器中充分反应，达到平衡后，测得 $c_{CO} = 0.008$ mol/L。求该反应的化学平衡常数。

解：初始时 $c_{CO} = c_{H_2O} = 0.2/20 = 0.01$ mol/L

$$CO(g) + H_2O(g) \rightleftharpoons CO_2(g) + H_2(g)$$

初始浓度	0.01	0.01	0	0
变化浓度	0.002	0.002	0.002	0.002
平衡浓度	0.008	0.008	0.002	0.002

$$K = \frac{c_{CO_2} c_{H_2}}{c_{CO} c_{H_2O}} = \frac{(0.002)^2}{(0.008)^2} = 0.062\ 5$$

答：该反应的化学平衡常数为 0.062 5。

课堂练习 3 – 2

1. 在一密闭容器中，反应 $aA(g) + bB(g) \rightleftharpoons cC(g) + dD(g)$ 达到平衡时平衡常数为 K_1，在温度不变的条件下，向容器中通入一定量的 A 气体和 B 气体，达到新的平衡状态时，C 的浓度是原来 1.5 倍，平衡常数为 K_2，则 K_1 和 K_2 的大小关系为：_____ 。

2. 正确书写下列化学方程式的平衡常数表达式。

（1）$N_2(g) + O_2(g) \rightleftharpoons 2NO(g)$

（2）$2N_2(g) + 2O_2(g) \rightleftharpoons 4NO(g)$

（3）$\frac{1}{3}N_2(g) + \frac{1}{3}O_2(g) \rightleftharpoons \frac{2}{3}NO(g)$

三、化学平衡的移动

化学平衡状态是有条件的、相对的、暂时稳定的状态。当外界条件发生改变时，正反应速率和逆反应速率不等，平衡状态就会被破坏，平衡会发生移动，一段时间后，形成新的平衡状态。这种由于外界条件的改变，使可逆反应的平衡状态发生变化的过程，称为化学平衡移动。

1. 浓度对化学平衡的影响

【案例分析】

案例 Fe^{3+} 与 KSCN 反应生成 $Fe(SCN)_3$，其反应存在如下平衡：

$$Fe^{3+} + 3SCN^- \rightleftharpoons Fe(SCN)_3$$

取一只小烧杯，加入 0.03 mol/L $FeCl_3$ 溶液和 0.1 mol/L KSCN 溶液各 5 滴，加入 20 mL

蒸馏水稀释摇匀。将此溶液平均分装于 4 支试管中，标注 1、2、3、4 号，1 号试管留作对照实验，2 号试管加入 0.03 mol/L FeCl$_3$ 溶液 3 滴，3 号试管加入 0.1 mol/L KSCN 溶液 3 滴，4 号试管加入少量 KCl 晶体。

问题 1. 观察出现什么实验现象？

2. 根据实验现象，能得出怎样的实验结论？

实验现象：2 号、3 号试管颜色加深，4 号试管颜色变浅。

实验结论：增加反应物的浓度，正反应速率增大，平衡向正反应方向发生移动；增加生成物浓度，逆反应速率增大，平衡向逆反应方向发生移动。

通过大量的实验能够证明：增加反应物浓度或减小生成物浓度，平衡向正反应方向移动；减小反应物浓度或增加生成物浓度，平衡向逆反应方向移动。

2. 压强对化学平衡的影响

【案例分析】

案例 在一定条件下，NO$_2$ 和 N$_2$O$_4$ 能发生互相转化，其反应存在如下平衡：

$$2NO_2 \rightleftharpoons N_2O_4$$

棕色　　　　无色

用注射器吸入 NO$_2$ 和 N$_2$O$_4$ 的混合物，将注射器细管端密闭，来回多次推拉活塞。

问题 1. 观察出现什么实验现象？

2. 根据实验现象，能得出怎样的实验结论？

实验现象：活塞向外拉动时，混合气体颜色先变浅又逐渐加深；活塞向内推动时，混合气体颜色先变深又逐渐变浅。

实验结论：向外拉动活塞时，压强减小，平衡向逆反应方向移动；向内推动活塞时，压强增大，平衡向正反应方向移动。

通过大量的实验能够证明：其他外界条件一定的情况下，增大压强，平衡向气体体积分子总数减小的方向移动；减小压强，平衡向气体体积分子总数增大的方向移动。

对于有些可逆反应，反应前后气体体积分子总数相等的情况下，改变压强，化学平衡不会发生移动。对于反应前后均没有气体的反应，改变压强，体积变化可以忽略不计，化学平衡也几乎不会发生移动。

3. 温度对化学平衡的影响

发生化学反应时，往往伴随着热量的改变。在一个可逆反应中，正反应是吸热反应，逆反应一定是放热反应，且数值相等。反应过程中放出热量，则在化学方程式的右边用"＋"表示；反应过程中吸收热量，则在化学方程式的右边用"－"表示。例如：

$$2NO_2 \rightleftharpoons N_2O_4 + Q$$

棕色　　　　无色　　热量

【案例分析】

案例 充有 NO_2 和 N_2O_4 的平衡球，在室温下达到化学平衡时，颜色是均匀、稳定的。将平衡球中间连通管的活塞关闭，一端置入冰水中，另一端置入 50 ℃恒温水浴中。

问题 1. 观察出现什么实验现象？

2. 根据实验现象，能得出怎样的实验结论？

实验现象：冰水中气体颜色变浅，50 ℃恒温水浴中气体颜色变深。

实验结论：冰水中，化学平衡向正反应方向移动；50 ℃恒温水浴中，化学平衡向逆反应方向移动。

通过大量的实验能够证明：当其他外界条件不变的情况下，升高温度，化学平衡向吸热反应方向移动；降低温度，化学平衡向放热反应方向移动。

4. 化学平衡移动原理

通过前面改变实验条件，如浓度、压强、温度，讨论化学平衡移动的原理，总结得到：如果改变影响平衡体系的条件之一，如浓度、压强、温度，平衡就向能减弱这种改变的方向移动。这是法国化学家勒夏特列总结得到的，因此，化学平衡移动原理又称为勒夏特列原理。

催化剂能大大提高化学反应速率，这种提高效果对于正反应和逆反应同时有效。因此，催化剂不能使化学平衡发生移动，但是能大大缩短达到化学平衡的时间。在实际生产过程中，会使用催化剂来提高工厂的生产效率。

例 3 – 3 硫酸是重要的化工原料，其中合成 SO_3 是制硫酸的重要步骤。现在实验室模拟工厂研究合成 0.5 mol SO_2。在 2 L 密闭容器中，将 0.5 mol SO_2 和 0.3 mol O_2 混合加热到 530 ℃，反应达到平衡时，SO_3 的浓度为 0.2 mol/L。

（1）求该温度下，合成 SO_3 反应的平衡常数。

（2）求此平衡状态下的 SO_2 转化率。

$$\left(反应物转化率 = \frac{反应物起始浓度 - 反应物平衡浓度}{反应物起始浓度} \times 100\%\right)$$

解：初始时

$$c_{SO_2} = 0.5/2 = 0.25 \text{ mol/L}$$

$$c_{O_2} = 0.3/2 = 0.15 \text{ mol/L}$$

$$2SO_2(g) + O_2(g) \Longleftrightarrow 2SO_3(g)$$

初始浓度	0.25	0.15	0
变化浓度	0.2	0.1	0.2
平衡浓度	0.05	0.05	0.2

$$K = \frac{c_{SO_3}^2}{c_{SO_2}^2 c_{O_2}} = \frac{(0.2)^2}{(0.05)^2 \times 0.05} = 320$$

SO_2 转化为 SO_3 的转化率为：

$$\frac{0.25 - 0.05}{0.25} \times 100\% = 80\%$$

答：该温度下，合成 SO_3 反应的平衡常数为 320，此平衡状态下 SO_2 的转化率为 80%。

课堂练习 3-3

1. 若往例 3-3 平衡状态时的密闭容器中，充入 0.5 mol SO_2，SO_2 的转化率是否会提高？是否有利于提高生产效率？

2. 对于一个化学平衡体系，采取下列措施后，一定会发生平衡移动的是（　　）。

A. 使用催化剂　　　　　　　　B. 升高温度

C. 增加压强　　　　　　　　　D. 加入反应物

3. 可逆反应 $2SO_2(g) + O_2(g) \rightleftharpoons 2SO_3(g) + Q$，在一定条件下达到平衡，在单独改变下列条件时，填入化学平衡移动的方向。

(1) 减压：_____；

(2) 加入 O_2：_____；

(3) 使用 V_2O_5 作催化剂：_____；

(4) 延长反应时间：_____；

(5) 降温：_____。

【知识链接】

勒夏特列

亨利·勒夏特列（1850—1936），法国化学家。1850 年 10 月 8 日出生于巴黎的一个化学世家。1875 年毕业于巴黎工业大学，1887 年获博士学位，随即在高等矿业学校取得普通化学教授的职位。1907 年还兼任法国矿业部长，在第一次世界大战期间出任法国武装部长，1919 年退休。

亨利·勒夏特列

受家庭熏陶，勒夏特列从中学时代就特别爱好化学实验。他对水泥、陶瓷和玻璃的化学原理非常感兴趣，为防止矿井爆炸而研究过火焰的物化原理。1877 年他提出用热电偶测量高温，还利用热体会发射光线的原理发明了一种测量高温的光学高温计。此外，他还发明了氧炔焰发生器，至今还用于金属的切割和焊接。

对热学的研究很自然将他引导到热力学的领域中去，使他得以在 1888 年宣布了一条闻名遐迩的定律，那就是勒夏特列原理。

实训四 化学反应速率和化学平衡的影响因素

一、实训目的

1. 理解

浓度、温度等因素对化学反应速率的影响。

2. 应用

浓度、温度对化学平衡移动的影响。

二、器材准备

1. 仪器

试管、烧杯、恒温水浴锅、天平、量筒、玻璃棒、胶头滴管、试管架、二氧化氮平衡球。

2. 试剂

0.01 mol/L H_2SO_4、1 mol/L H_2SO_4、体积分数为5%的双氧水、MnO_2、KCl晶体。

三、实训内容与步骤

1. 实训指导

（1）浓度对化学反应速率的影响是：浓度越大，化学反应速率越快；浓度越小，化学反应速率越慢。

（2）温度对化学反应速率的影响是：温度越高，化学反应速率越快；温度越低，化学反应速率越慢。

（3）催化剂对化学反应速率的影响是：正催化剂能够迅速加快化学反应速率。

（4）浓度对化学平衡的影响是：增加反应物的浓度，会使化学平衡向正反应方向移动；增加生成物的浓度，会使化学平衡向逆反应方向移动。

（5）温度对化学平衡的影响是：温度升高，会使化学平衡向吸热反应方向移动；温度降低，会使化学平衡向放热反应方向移动。

2. 操作步骤

（1）取两支试管，标注1、2号，分别加入质量相等的铁片。另取两支试管，分别加入0.01 mol/L H_2SO_4和1 mol/L H_2SO_4 2 mL，将两支试管内的液体同时倒入1、2号试管中，观察产生气泡的先后顺序以及速度，填写下表。

记录项目	铁片/g	0.01 mol/L H_2SO_4 体积/mL	1 mol/L H_2SO_4 体积/mL	产生气泡的顺序及速度
1	0.2	2	—	
2	0.2	—	2	

（2）另取两支试管，标注 3、4 号，分别加入质量相等的铁片和 2 mL 蒸馏水，3 号试管置于冰水中，4 号试管置于 50 ℃ 恒温水浴中，10 min 后，同时向 3、4 号试管中加入 0.01 mol/L H_2SO_4 2 mL，振荡摇匀，观察产生气泡的先后顺序以及速度，填写下表。

记录项目	铁片/g	0.01 mol/L H_2SO_4 体积/mL	温度/℃	产生气泡的顺序及速度
3	0.2	2	0	
4	0.2	2	50	

（3）取两支试管，分别加入质量分数为 5% 的双氧水，各 1 mL，其中一支加入少量二氧化锰，观察两支试管产生气体的顺序，用带火星的小木条检验氧气的生成。

（4）取一只小烧杯，加入 0.03 mol/L $FeCl_3$ 溶液和 0.1 mol/L KSCN 溶液各 5 滴，加入 20 mL 蒸馏水稀释摇匀。将此溶液平均分装于 4 支试管中，标注 1、2、3、4 号，1 号试管留作对照实验，然后按下表操作，观察实验现象。

记录项目	加入试剂	现象	化学平衡移动方向
1	对照实验		
2	0.1 mol/L KSCN 溶液 3 滴		
3	0.03 mol/L $FeCl_3$ 溶液 3 滴		
4	加入少许 KCl 晶体		

（5）充有二氧化氮和四氧化二氮的平衡球，在室温下达到化学平衡时，颜色是均匀、稳定的。将平衡球中间连通管的活塞关闭，一端置入冰水中，另一端置入 50 ℃ 恒温水浴中，观察平衡球中的颜色变化，填写下表。

反应条件	实验现象	化学平衡移动方向
冰水		
50 ℃ 恒温水浴		

3. 注意事项

（1）在实验过程中，注意使用试剂的量要准确。

（2）注意实验废弃物的处理，避免污染环境。

四、实训测评

1. 影响化学反应速率的外界因素有哪些？

2. 化学平衡移动受到哪些外界因素的影响?

知识回顾

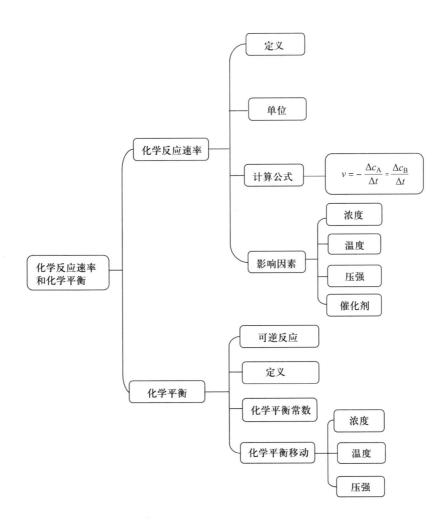

目标检测

一、单项选择题

1. 夏天天气炎热，食物放入冰箱以免变质，这样做的目的是（　　）。

A. 避免光照   B. 减小反应速率   C. 隔绝空气   D. 保持干燥

2. 下列选项中，会影响化学反应速率的是（   ）。

A. 浓度   B. 温度   C. 催化剂   D. 以上都会

3. 在实际生产生活中，有时候需要加快化学反应速率，下列选项中能加快化学反应速率的是（   ）。

A. 减小压强   B. 增加生成物浓度

C. 升高温度   D. 移出生成物

4. 下列选项中，能迅速改变化学反应速率的主要因素是（   ）。

A. 物质的组成   B. 物质的结构

C. 催化剂   D. 物质的大小

5. 对于可逆反应来说，使用催化剂的作用是（   ）。

A. 改变化学反应速率，缩短或延长反应达到平衡所需的时间

B. 改变平衡时混合物的组成

C. 增大正反应速率，减小逆反应速率

D. 能使平衡向正反应方向移动

6. 下列选项中，不能影响化学平衡移动的因素是（   ）。

A. 压强   B. 催化剂   C. 浓度   D. 温度

7. 下列关于催化剂叙述正确的是（   ）。

A. 催化剂在反应前后质量不变，所以催化剂没有用

B. 使用催化剂可以改变反应达到平衡的时间

C. 催化剂可以改变反应物的转化率

D. 催化剂在化学反应前后化学性质发生改变

8. $2NO + O_2 \rightleftharpoons 2NO_2 + Q$ 反应已达到平衡状态，欲使平衡向逆反应方向移动，可采取的措施是（   ）。

A. 减小压强   B. 减少 NO_2 C. 降低温度   D. 增加 O_2

9. 下列关于平衡常数的说法中，正确的是（   ）。

A. 同一个可逆反应中，平衡常数 K 与物质浓度变化有关

B. 同一个可逆反应中，平衡常数 K 与物质温度变化有关

C. 同一个可逆反应中，平衡常数 K 与物质催化剂变化有关

D. 同一个可逆反应中，平衡常数 K 与物质压强变化有关

10. $2C(g) \rightleftharpoons A(g) + B(g) + Q$ 在一定条件下达到平衡状态，可以使平衡向左移动的是（   ）。

A. 增大 C 的浓度   B. 增大 A 的浓度

C. 加入催化剂   D. 改变温度

11. 在其他条件不变时，温度每升高 10 ℃反应速率增加原来的（   ）。

A. 4 ~ 6 倍   B. 3 ~ 5 倍   C. 2 ~ 4 倍   D. 1 ~ 3 倍

12. 对于可逆反应 $2SO_2(g) + O_2(g) \rightleftharpoons 2SO_3(g) + Q$ 达到化学平衡时，使化学平衡向右移动，可采取的措施为（　　）。

　　A. 增加氧气的浓度　　　　　　　　B. 升高温度

　　C. 减小压强　　　　　　　　　　　D. 加催化剂

13. 对于合成氨反应 $N_2 + 3H_2 \rightleftharpoons 2NH_3$ 达到化学平衡时，下列说法正确的是（　　）。

　　A. 正逆反应速率为零　　　　　　　B. 各物质浓度相等

　　C. 反应物全部变为生成物　　　　　D. 各物质浓度不变

14. 当外界条件压强变化时，下列可逆反应中，达到化学平衡状态，不会发生移动的是（　　）。

　　A. $N_2 + 3H_2 \rightleftharpoons 2NH_3$

　　B. $CaCO_3(s) \rightleftharpoons CaO(s) + CO_2(g)$

　　C. $CO(g) + H_2O(g) \rightleftharpoons CO_2(g) + H_2(g)$

　　D. $2SO_2(g) + O_2(g) \rightleftharpoons 2SO_3(g)$

15. 一定条件下，使 NO 和 O_2 在密闭容器中进行反应，下列说法中错误的是（　　）。

　　A. 随着反应的进行，正反应速率逐渐减小，最后为零

　　B. 随着反应的进行，正反应速率逐渐减小，最后不变

　　C. 随着反应的进行，逆反应速率逐渐增大，最后不变

　　D. 随着反应的进行，最后正反应速率与逆反应速率相等

16. 有关化学平衡的叙述，下列说法正确的是（　　）。

　　A. 能影响化学反应速率，化学平衡就会移动

　　B. 加热使吸热反应速率加快，放热反应速率减慢

　　C. 气体存在的反应，改变压强，会使平衡移动

　　D. 增大反应物的浓度，平衡向生成物浓度增大的方向移动

二、填空题

1. 影响化学反应速率的因素多种多样，其中以外界因素占主导作用，主要外界因素有_____，_____，_____，_____。

2. 在外界条件发生改变时，化学平衡状态会发生移动。影响化学平衡移动的外界因素有_____，_____，_____。

3. 当物质 A 与 B 反应生成 C，反应由 A 与 B 开始，它们的起始浓度均为 0.1 mol/L。反应进行 2 min 后，A 的浓度为 0.08 mol/L，B 的浓度为 0.06 mol/L，C 的浓度为 0.06 mol/L，2 min 内反应的平均速率为：（A）=_____；（B）=_____；（C）=_____。A、B、C 的系数关系为：_____。

4. 可逆反应 $2NO_2$（红棕）$\rightleftharpoons N_2O_4$（无色）$+ Q$ 在封闭的容器中，达到化学平衡时，需要使气体的颜色加深，需要_____温度；需要使气体颜色变浅，则需要_____温度。

三、判断题

1. 降低温度一定可以降低反应速率。　　　　　　　　　　　　　　（　　）
2. 升高温度，化学平衡向放热反应方向移动。　　　　　　　　　　（　　）
3. 浓度和压强的变化会引起化学平衡的移动，但不能改变平衡常数。（　　）
4. 可逆反应达到化学平衡状态时，反应并没有停止。　　　　　　　（　　）
5. 催化剂可以加快任何化学反应速率。　　　　　　　　　　　　　（　　）
6. 催化剂能够减短达到化学平衡的时间，不能使化学平衡移动。　　（　　）

四、简答题

1. 什么是化学反应速率?
2. 什么是化学平衡?
3. 什么是勒夏特列原理?

五、综合题

1. 在某一可逆反应中，反应物 M 的浓度在 5 s 以内从 0.15 mol/L 减少为 0.05 mol/L，求在这 5 s 以内 M 的化学反应速率为多少?

2. 在密闭容器中，合成氨的反应 $N_2 + 3H_2 \rightleftharpoons 2NH_3$，开始时 N_2 的浓度为 8 mol/L，H_2 的浓度为 20 mol/L，5 min 后 N_2 的浓度为 6 mol/L。那么用 N_2、H_2 和 NH_3 表示化学反应速率分别为多少?

3. 在密闭容器中，将 2.0 mol/L CO 和 5.0 mol/L H_2O，混合加热到 800 ℃，达到下列平衡：$CO(g) + H_2O(g) \rightleftharpoons CO_2(g) + H_2(g)$，$K = 1.0$。求平衡时 CO 的浓度。

4. 在某温度下，密闭容器中进行下列反应：$2SO_2(g) + O_2(g) \rightleftharpoons 2SO_3(g)$，$SO_2$ 和 O_2 的初始浓度为 5 mol/L 和 3 mol/L，达到化学平衡时，SO_2 的转化率为 80%，这时 SO_2 的浓度为多少? O_2 的浓度为多少? SO_3 的浓度为多少?

5. 某温度下的密闭容器中，可逆反应 $2HI(g) \rightleftharpoons H_2(g) + I_2(g)$ 在达到化学平衡时，HI 的浓度为 0.6 mol/L，I_2 的浓度为 0.1 mol/L，则此温度下该反应的平衡常数为多少?

第四章

电解质溶液

电解质是维持生命基本物质的重要组成部分。无机化学中这么多化学反应都是在水溶液中进行的，参加反应的物质主要是电解质，在水溶液中能全部或部分电离成自由移动的离子，因此电解质之间的反应实际上是离子反应。本章应用化学平衡原理讨论弱电解质的解离平衡、盐的水解和难溶电解质的沉淀溶解平衡。

§4-1　弱电解质溶液

 学习目标

1. 掌握弱电解质解离平衡，一元弱酸、一元弱碱解离平衡常数及相关计算。
2. 熟悉解离度的概念、与解离平衡常数的关系及影响因素，同离子效应。
3. 了解强、弱电解质概念和多元弱酸的解离。

【任务引入】

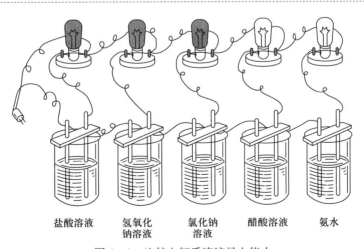

盐酸溶液　　氢氧化　　氯化钠　　醋酸溶液　　氨水
　　　　　　钠溶液　　溶液

图4-1　比较电解质溶液导电能力

在相同条件下将盐酸溶液、氢氧化钠溶液、氯化钠溶液、醋酸溶液和氨水按图4-1装置进行导电实验，5种溶液浓度都是0.5 mol/L，所用电极尺寸材质完全相同。实验结果表明，连接插入醋酸溶液和氨水的灯泡亮度比另外3个灯泡暗。

问题 1. 为什么盐酸、氢氧化钠、氯化钠溶液导电能力比醋酸溶液和氨水强？

2. 什么是强电解质？什么是弱电解质？

一、强电解质与弱电解质

电解质是指在水溶液或熔融状态下能够完全解离或部分解离，自身能够导电的化合物。电解质溶液的导电是在电解质溶液中存在着带不同电荷的正负离子的定向运动的结果，导电能力的强弱与该溶液中存在的正负离子数目多少有关。在相同温度下，相同体积、相同浓度的不同溶液中存在的离子越多则导电能力越强。由实验现象可知，盐酸、氢氧化钠和氯化钠溶液中存在的正负离子数比醋酸溶液和氨水多，由此也可以说明在相同条件下不同电解质溶液的解离程度是不同的。据此可以把电解质分为强电解质和弱电解质两类。在水溶液中能全部解离的电解质称为强电解质。强酸（如硫酸、盐酸、高氯酸等）、强碱（如氢氧化钠、氢氧化钡等）和绝大多数盐（如氯化钠、硫酸钠等）在水溶液中能完全解离，属于强电解质，导电能力很强；而弱酸（如醋酸、碳酸、氢氟酸等）、弱碱（如氨水）和少数盐（如氯化汞、醋酸铅等），在水溶液中只有一部分解离成阴、阳离子，大部分以分子形式存在，导电能力较弱，属于弱电解质。水是极弱的电解质。

二、弱电解质的解离平衡

【案例分析】

案例 2002年波士顿马拉松比赛中，一名28岁的运动员在赛前和比赛中一共喝了3 L水，结果还没到终点就突然倒地，头昏、手脚发麻并伴有抽筋，经抢救无效死亡。事后医生检查发现该运动员猝死的原因是体内电解质失衡。

问题 1. 什么是解离平衡？

2. 为什么人体内电解质失衡会导致死亡？

1. 弱电解质的解离平衡

弱电解质的解离存在着解离平衡，以醋酸（CH_3COOH）解离为例加以说明。

$$CH_3COOH \rightleftharpoons H^+ + CH_3COO^-$$

溶液中部分 CH_3COOH 分子可以解离出带正电荷的 H^+ 和带负电荷的 CH_3COO^-，溶液中部分 H^+ 和 CH_3COO^- 同时又碰撞结合成 CH_3COOH 分子，当二者速度相等时，溶液中 CH_3COOH、H^+ 和 CH_3COO^- 数目不再发生变化，浓度不再改变，此时达到动态平衡，称为解离平衡。解离平衡是化学平衡的一种，服从化学平衡规律。

2. 一元弱酸、弱碱的解离平衡常数

和化学平衡存在化学平衡常数一样，弱电解质的解离平衡同样存在解离平衡常数。以一元弱酸醋酸的解离过程为例，醋酸在水溶液中存在如下解离平衡：

$$CH_3COOH \rightleftharpoons H^+ + CH_3COO^-$$

根据化学平衡原理，解离平衡时溶液中未解离的 CH_3COOH 浓度和由 CH_3COOH 解离产生的 H^+ 和 CH_3COO^- 浓度之间存在以下定量关系：

$$K_a = \frac{[H^+][CH_3COO^-]}{[CH_3COOH]} \tag{4-1}$$

式中 K_a 表示弱酸的解离平衡常数，$[H^+]$、$[CH_3COO^-]$、$[CH_3COOH]$ 分别表示达到平衡时 H^+、CH_3COO^- 和 CH_3COOH 的浓度，单位为 mol/L。

设 CH_3COOH 初始浓度为 c，则平衡时 $[H^+] = [CH_3COO^-]$，$[CH_3COOH] = c - [H^+]$，代入式（4-1）得

$$K_a = \frac{[H^+]^2}{c - [H^+]} \tag{4-2}$$

解此一元二次方程，可准确计算 $[H^+]$。

当弱酸的解离程度较弱时，即 $\frac{c}{K_a} \geq 500$ 时，$c - [H^+] \approx c$，式（4-2）可简化为

$$K_a = \frac{[H^+]^2}{c}$$

$$[H^+] = \sqrt{K_a \cdot c} \tag{4-3}$$

一元弱碱的解离平衡情况也是如此，以 $NH_3 \cdot H_2O$ 解离为例。

$$NH_3 \cdot H_2O \rightleftharpoons NH_4^+ + OH^-$$

$$K_b = \frac{[NH_4^+][OH^-]}{[NH_3 \cdot H_2O]} \tag{4-4}$$

式中 K_b 表示弱碱的解离平衡常数，$[NH_4^+]$、$[OH^-]$、$[NH_3 \cdot H_2O]$ 分别表示达到平衡时 NH_4^+、OH^- 和 $NH_3 \cdot H_2O$ 的浓度，单位为 mol/L。

如果 $NH_3 \cdot H_2O$ 初始浓度为 c，则平衡时 $[NH_4^+] = [OH^-]$，$[NH_3 \cdot H_2O] = c - [OH^-]$，代入式（4-4）得

$$K_b = \frac{[OH^-]^2}{c - [OH^-]}$$

同一元弱酸情况一样，当 $\frac{c}{K_b} \geq 500$ 时，$c - [OH^-] \approx c$，

$$[OH^-] = \sqrt{K_b \cdot c} \tag{4-5}$$

例 4-1 计算 0.01 mol/L HCN 溶液中氢离子浓度。已知 $K_a = 6.2 \times 10^{-10}$。

解： 设平衡时 $[H^+] = x$ mol/L

$$HCN \rightleftharpoons H^+ + CN^-$$

初始浓度   0.01   0   0

平衡浓度   0.01 − x x x

$$K_a = \frac{[H^+][CN^-]}{[HCN]} = \frac{x^2}{0.01 - x} = 6.2 \times 10^{-10}$$

解得 $x = 2.49 \times 10^{-6} \, mol/L$

或因为 $\dfrac{c}{K_a} = \dfrac{0.01}{6.2 \times 10^{-10}} = 1.61 \times 10^7 > 500$，故可直接由式（4−3）计算得

$$[H^+] = \sqrt{K_a \cdot c} = \sqrt{6.2 \times 10^{-10} \times 0.01} = 2.49 \times 10^{-6} \, mol/L$$

答：0.01 mol/L HCN 溶液中氢离子浓度为 2.49×10^{-6} mol/L。

课堂练习 4 − 1

计算 0.2 mol/L $NH_3 \cdot H_2O$ 溶液中 $[OH^-]$。已知 $NH_3 \cdot H_2O$ 解离平衡常数 $K_b = 1.8 \times 10^{-5}$。

和化学平衡常数一样，解离平衡常数与温度有关，而与浓度无关，但因解离平衡常数受温度影响较小，在室温范围内的变化通常忽略不计。解离平衡常数反映了弱电解质解离程度的相对强弱。解离平衡常数越大，说明弱电解质解离能力越强；反之，解离平衡常数越小，弱电解质解离能力越弱。同类型弱酸、弱碱的相对强弱可以通过比较 K_a（或 K_b）值的大小来确定。例如，常温下 $K_{a,CH_3COOH} = 1.75 \times 10^{-5}$，$K_{a,HCN} = 6.2 \times 10^{-10}$，因此，酸性 $CH_3COOH >$ HCN。部分弱酸、弱碱解离平衡常数见附录二。

3. 解离度

（1）解离度的概念

除解离平衡常数外，弱电解质解离程度还常用解离度来表示。解离度是指解离平衡时已解离的弱电解质分子数占解离前分子总数的百分数，常用 α 表示。

$$\alpha = \frac{已解离的分子数}{解离前分子总数} \times 100\% = \frac{解离平衡时已解离的弱电解质浓度}{弱电解质溶液初始浓度} \times 100\% \quad (4-6)$$

例如，在 25 ℃时 0.1 mol/L 醋酸溶液中，每 10 000 个醋酸分子中有 132 个醋酸分子解离成氢离子和醋酸根离子，则醋酸的解离度为：

$$\alpha = \frac{已解离的分子数}{解离前分子总数} \times 100\% = \frac{132}{10\,000} \times 100\% = 1.32\%$$

以一元弱酸 CH_3COOH 为例，解离平衡时，H^+、CH_3COO^- 和 CH_3COOH 的平衡浓度和 CH_3COOH 初始浓度 c 和解离度 α 有如下关系：

$$CH_3COOH \rightleftharpoons H^+ + CH_3COO^-$$

初始浓度 c 0   0

变化浓度 $c\alpha$ $c\alpha$ $c\alpha$

平衡浓度 $c - c\alpha$ $c\alpha$ $c\alpha$

解离平衡时 $[H^+] = [CH_3COO^-] = c\alpha$，$[CH_3COOH] = c - c\alpha$。

同理，一元弱碱 $NH_3 \cdot H_2O$ 解离平衡时，$[NH_4^+] = [OH^-] = c\alpha$，$[NH_3 \cdot H_2O] = c - c\alpha$。

（2）解离度和解离平衡常数的关系

解离度和解离平衡常数都可以表示弱电解质的解离程度，它们既有联系，也有区别。两者的关系可用一元弱酸 CH_3COOH 解离为例进行推导。

设 CH_3COOH 的初始浓度为 c，解离度为 α，解离平衡常数为 K_a。

$$CH_3COOH \rightleftharpoons H^+ + CH_3COO^-$$

初始浓度 c 0 0

变化浓度 $c\alpha$ $c\alpha$ $c\alpha$

平衡浓度 $c - c\alpha$ $c\alpha$ $c\alpha$

$$K_a = \frac{[H^+][CH_3COO^-]}{[CH_3COOH]} = \frac{c\alpha \cdot c\alpha}{c - c\alpha} = \frac{c\alpha^2}{1 - \alpha}$$

根据经验，当 $\dfrac{c}{K_a} \geq 500$，此时 $\alpha \leq 5\%$，$1 - \alpha \approx 1$，上式可简化为

$$K_a = c\alpha^2 \text{ 或 } \alpha = \sqrt{\frac{K_a}{c}} \tag{4-7}$$

这个公式通常称为稀释定律。它表明同一弱电解质的解离度与其浓度的平方根成反比，溶液浓度越稀，解离度越大；相同浓度不同弱电解质的解离度与其解离平衡常数成正比，解离平衡常数越大，解离度也越大。因此解离平衡时

$$[H^+] = c\alpha = c \cdot \sqrt{\frac{K_a}{c}} = \sqrt{K_a \cdot c} \tag{4-8}$$

同理，对于一元弱碱，当 $\dfrac{c}{K_b} \geq 500$，$\alpha \leq 5\%$ 时，$K_b = c\alpha^2$，$\alpha = \sqrt{\dfrac{K_b}{c}}$

解离平衡时 $[OH^-] = c\alpha = c \cdot \sqrt{\dfrac{K_b}{c}} = \sqrt{K_b \cdot c}$ $\qquad\qquad$ (4-9)

例 4-2 已知 25 ℃时 0.1 mol/L 醋酸溶液解离度 $\alpha = 1.32\%$，计算醋酸的解离平衡常数。

解： $\qquad\qquad CH_3COOH \rightleftharpoons H^+ + CH_3COO^-$

初始浓度 c 0 0

变化浓度 $c\alpha$ $c\alpha$ $c\alpha$

平衡浓度 $c - c\alpha$ $c\alpha$ $c\alpha$

$$K_a = \frac{[H^+][CH_3COO^-]}{[CH_3COOH]} = \frac{c\alpha \cdot c\alpha}{c - c\alpha} = \frac{c\alpha^2}{1 - \alpha}$$

$$K_a = \frac{0.1 \times (1.32\%)^2}{1 - 1.32\%} \approx 1.76 \times 10^{-5}$$

或假设 $\dfrac{c}{K_a} \geq 500$，则 $K_a = c\alpha^2 = 0.1 \times (1.32\%)^2 = 1.74 \times 10^{-5}$

验证：$\dfrac{c}{K_a} = \dfrac{0.1}{1.74 \times 10^{-5}} = 5.75 \times 10^3 > 500$，假设成立，因此也可取 $K_a = 1.74 \times 10^{-5}$，该数值与 1.76×10^{-5} 偏差不大。

因此，25 ℃时醋酸的解离平衡常数 $K_a = 1.76 \times 10^{-5}$（$1.74 \times 10^{-5}$），实际中常取 $K_a = 1.75 \times 10^{-5}$。

例 4 – 3　计算 25 ℃时 0.1 mol/L $NH_3 \cdot H_2O$ 的［OH^-］和解离度 α。已知 $NH_3 \cdot H_2O$ 的解离平衡常数 $K_b = 1.8 \times 10^{-5}$。

解：$NH_3 \cdot H_2O$ 是一元弱碱，$\dfrac{c}{K_b} = \dfrac{0.1}{1.8 \times 10^{-5}} = 5\ 555.6 > 500$

因此 $[OH^-] = c\alpha = c \cdot \sqrt{\dfrac{K_b}{c}} = \sqrt{K_b \cdot c} = \sqrt{1.8 \times 10^{-5} \times 0.1} = 1.34 \times 10^{-3}$ mol/L

$$\alpha = \dfrac{[OH^-]}{c} = \dfrac{1.34 \times 10^{-3}}{0.1} = 0.013\ 4 = 1.34\%$$

答：25 ℃时 0.1 mol/L $NH_3 \cdot H_2O$ 的［OH^-］是 1.34×10^{-3} mol/L，解离度 α 是 1.34%。

课堂练习 4 – 2

分别计算 25 ℃时 0.1 mol/L 醋酸溶液和 0.1 mol/L 盐酸溶液的［H^+］。已知 25 ℃时醋酸解离平衡常数 $K_a = 1.75 \times 10^{-5}$。

（3）影响弱电解质解离平衡的因素

1）电解质的性质。不同弱电解质有不同的解离平衡常数，在相同浓度时，解离平衡常数越大，解离度越大。

2）溶液浓度。溶液浓度越小，离子间相互碰撞重新结合成分子的概率就越小，平衡向解离方向移动，解离度增大；反之溶液浓度越大，解离度减小。醋酸溶液 25 ℃时在不同浓度下的解离度见表 4 – 1。

表 4 – 1　　　　　　　　醋酸溶液在不同浓度时的解离度（25 ℃）

醋酸溶液浓度/（mol/L）	解离度 α/%
1.0	0.42
0.1	1.32
0.01	4.2
0.001	12.4
0.000 1	34

解离度和解离平衡常数都是衡量弱电解质解离程度大小的特性常数。但由表 4 – 1 可知，用解离度来衡量弱电解质的相对强弱，只有在相同浓度下才能比较。

3）温度。弱电解质解离一般要吸收热量，所以升高溶液温度，平衡向解离方向移动，解离度增大。

4）溶剂性质。在弱电解质解离过程中，溶剂的作用很大，同一电解质在不同溶剂中解离度也是不一样的。例如，氯化氢在水中解离度很大，而在有机溶剂中几乎不解离。

4. 多元酸的解离平衡

分子中含有两个或两个以上可解离的氢离子的酸称为多元酸，如碳酸（H_2CO_3）、氢硫酸（H_2S）、磷酸（H_3PO_4）等。多元弱酸的解离是分步进行的，即氢离子是依次解离出来的。例如，H_3PO_4 就是分三步解离的，各步解离平衡和解离常数如下：

第一步解离
$$H_3PO_4 \rightleftharpoons H^+ + H_2PO_4^-$$

$$K_1 = \frac{[H^+][H_2PO_4^-]}{[H_3PO_4]} = 6.9 \times 10^{-3}$$

第二步解离
$$H_2PO_4^- \rightleftharpoons H^+ + HPO_4^{2-}$$

$$K_2 = \frac{[H^+][HPO_4^{2-}]}{[H_2PO_4^-]} = 6.2 \times 10^{-8}$$

第三步解离
$$HPO_4^{2-} \rightleftharpoons H^+ + PO_4^{3-}$$

$$K_3 = \frac{[H^+][PO_4^{3-}]}{[HPO_4^{2-}]} = 4.8 \times 10^{-13}$$

K_1、K_2、K_3 分别表示磷酸第一、二、第三步解离平衡常数，且 $K_1 > K_2 > K_3$，因此，多元弱酸第一步解离比较容易，但第二步解离就比较困难了，其原因有二：一是带两个负电荷的 HPO_4^{2-} 对 H^+ 的吸引力要比带一个负电荷的 $H_2PO_4^-$ 对 H^+ 的吸引力要强得多；二是第一步解离生成的 H^+ 对第二步解离产生同离子效应，从而抑制了第二步解离。同理磷酸第三步解离就更困难了。也就是说多元弱酸的强弱主要取决于 K_1 值的大小，溶液中的 H^+ 主要来自第一步解离，在计算 $[H^+]$ 时可只考虑第一步解离即可。

课堂练习 4-3

写出 H_2S、H_2CO_3、H_2SO_3 的解离方程式。

三、同离子效应

【趣味学习】

演示实验 把酚酞指示剂滴加在盛有氨水的试管里，再加入少量的固体 CH_3COONH_4，可以观察到什么现象？

问题 什么是同离子现象？

实验显示加入少量的固体 CH_3COONH_4 后溶液的红色变淡了。这是因为弱电解质的解离平衡同化学平衡一样，当外界条件改变时，解离平衡就要发生移动，使解离度发生改变，外界条件中离子浓度的改变对弱电解质的解离平衡移动有明显影响。

氨水溶液有如下解离平衡：
$$NH_3 \cdot H_2O \rightleftharpoons NH_4^+ + OH^-$$

当加入 CH_3COONH_4 后，CH_3COONH_4 是强电解质，完全解离产生大量的 NH_4^+ 和 CH_3COO^-，

使溶液中 NH_4^+ 的浓度明显增加，根据化学平衡移动的原理，$NH_3 \cdot H_2O$ 的解离平衡向左移动，使 $NH_3 \cdot H_2O$ 的解离度降低，溶液中 OH^- 浓度降低，碱性减弱，酚酞的红色变浅。

$$CH_3COONH_4 \Longrightarrow NH_4^+ + CH_3COO^-$$

$$NH_3 \cdot H_2O \Longrightarrow NH_4^+ + OH^-$$

←
解离平衡向左移动

这种在弱电解质溶液中加入一种与该弱电解质具有相同离子的易溶强电解质后，使弱电解质解离度降低的现象称为同离子效应。又如在醋酸溶液中加入 CH_3COONa 后，溶液中存在下列解离关系：

$$CH_3COOH \Longrightarrow H^+ + CH_3COO^-$$

$$CH_3COONa \Longrightarrow Na^+ + CH_3COO^-$$

CH_3COONa 是强电解质，完全解离后溶液中 CH_3COO^- 浓度增加，使 CH_3COOH 解离平衡向左移动，CH_3COOH 解离度降低。

例 4 - 4 求 0.1 mol/L CH_3COOH 溶液解离度和 $[H^+]$。如果在此溶液中加入 CH_3COONH_4 晶体，使 CH_3COONH_4 浓度为 0.1 mol/L，此时溶液中 CH_3COOH 解离度和 $[H^+]$ 又是多少？已知 $K_a = 1.75 \times 10^{-5}$。

解： 加入 CH_3COONH_4 晶体前由式（4-7）得，0.1 mol/L CH_3COOH 溶液解离度为

$$\alpha = \sqrt{\frac{K_a}{c}} = \sqrt{\frac{1.75 \times 10^{-5}}{0.1}} = 1.32\%$$

$$[H^+] = c\alpha = 0.1 \times 1.32\% = 1.32 \times 10^{-3} \text{ mol/L}$$

加入 CH_3COONH_4 晶体后，因为 CH_3COONH_4 完全解离，CH_3COOH 和 CH_3COO^- 起始浓度均为 0.1 mol/L

$$CH_3COOH \Longrightarrow H^+ + CH_3COO^-$$

初始浓度　　　　0.1　　　　0　　　　0.1

平衡浓度　　$0.1 - [H^+]$　　$[H^+]$　　$0.1 + [H^+]$

因为同离子效应，$[H^+]$ 远远小于 0.1 mol/L，$0.1 - [H^+] \approx 0.1$，$0.1 + [H^+] \approx 0.1$

$$K_a = \frac{[H^+][CH_3COO^-]}{[CH_3COOH]} = \frac{[H^+] \times 0.1}{0.1} = 1.75 \times 10^{-5}$$

$$[H^+] = 1.75 \times 10^{-5} \text{ mol/L}$$

$$\alpha = \frac{1.75 \times 10^{-5}}{0.1} \times 100\% = 0.0175\%$$

计算结果表明，在 CH_3COOH 溶液中加入 CH_3COONH_4 后，解离度比不加 CH_3COONH_4 降低了约 99%。

课堂练习 4-4

求 0.1 mol/L CH_3COOH 溶液解离度。如果在此溶液中加入 CH_3COONa 晶体，使 CH_3COONa 浓度达到 0.1 mol/L，此时溶液中 CH_3COOH 解离度又是多少？已知 $K_a = 1.75 \times 10^{-5}$。

若在弱电解质溶液中加入不含同离子的强电解质，如在 CH_3COOH 溶液中加入 $NaCl$，因 $NaCl$ 中 Cl^- 和 Na^+ 与 CH_3COOH 解离出来的 H^+ 和 CH_3COO^- 相互吸引，降低了 H^+ 和 CH_3COO^- 结合成 CH_3COOH 的速度，使 CH_3COOH 解离度略有增加。这种在弱电解质溶液中加入不含相同离子的易溶强电解质，使弱电解质解离度增大的现象，称为盐效应。

事实上，发生同离子效应的同时，也伴随着盐效应，但与同离子效应相比，盐效应影响很小，因此有时可不考虑盐效应影响。

§4－2　水的解离和溶液的 pH

 ## 学习目标

1. 掌握溶液 pH 概念，溶液酸碱性与氢离子浓度和 pH 间的关系。
2. 熟悉水的离子积常数。
3. 了解常见酸碱指示剂。

【任务引入】

正常人体血液 pH 值应维持在 7.35 ~ 7.45 范围

案例　在人的生命活动过程中，人体组织细胞必须在合适的氢离子浓度范围内才能完成正常的生理活动。例如，人体内血液的组成部分之一血浆的正常 pH 值就在 7.35 ~ 7.45 范围。科学研究发现若血浆的 pH 值长时间低于 7.3，人会发生酸性中毒，就会形成酸性体质，使身体处于亚健康状态，其表现为机体不适、易疲倦、精神不振、体力不足、抵抗力下降等。这种状况如果得不到及时纠正，人的机体健康就会遭到严重损害，从而引发心脑血管疾病和癌症、高血压、糖尿病、肥胖等严重疾病；当 pH 值降低到 7.1 以下，一般便要死亡。反之，血液的 pH 值上升到 7.45 以上，人会发生碱性中毒；上升到 7.6 以上，一般也会死亡。

问题　什么是 pH 值？

一、水的解离

水是极弱的电解质，其解离方程式为

$$H_2O \rightleftharpoons H^+ + OH^-$$

解离平衡时，未解离的 H_2O 的浓度和由 H_2O 解离产生的 H^+ 和 OH^- 浓度之间存在以下定量关系

$$\frac{[H^+][OH^-]}{[H_2O]} = K_a$$

由于水是极弱的电解质，25 ℃时达到解离平衡时 1 L 水仅有 10^{-7} mol 水分子解离，因

此 $[H^+]=[OH^-]=10^{-7}$ mol/L，则 $[H^+][OH^-]=10^{-7}\times10^{-7}=10^{-14}=K_a\cdot[H_2O]$

在纯水或稀溶液中，一般将 $[H_2O]$ 视为常数，且在一定温度下水的解离平衡常数 K_a 也是常数，因此 $[H^+][OH^-]$ 是一个常数，称为水的离子积常数，简称水的离子积，通常用 K_w 表示。

25 ℃时，$K_w=[H^+][OH^-]=10^{-7}\times10^{-7}=1\times10^{-14}$ (4-10)

水的离子积常数不是固定不变的，因为水的解离是吸热反应，升高温度有利于水的解离，故水的离子积随着温度的升高而增大，但在常温（25 ℃左右）下一般可认为水的离子积常数为 1×10^{-14}。

水的离子积常数不仅适用于纯水，也适用于所有水溶液，它表明在一定温度下水溶液中 $[H^+]$ 和 $[OH^-]$ 的乘积是常数，若已知溶液中 $[H^+]$，即可求出 $[OH^-]$。例如，0.01 mol/L HCl 溶液中，$[H^+]=10^{-2}$ mol/L，则

$$[OH^-]=\frac{K_w}{[H^+]}=\frac{1\times10^{-14}}{10^{-2}}=10^{-12} \text{ mol/L}$$

同理 0.01 mol/L NaOH 溶液中，$[H^+]=\dfrac{K_w}{[OH^-]}=\dfrac{1\times10^{-14}}{10^{-2}}=10^{-12}$ mol/L。

例 4-5 分别计算 25 ℃时 0.1 mol/L 盐酸溶液和 0.1 mol/L 醋酸溶液的 $[OH^-]$。已知 25 ℃时醋酸电离平衡常数 $K_a=1.75\times10^{-5}$。

解：（1）0.1 mol/L 盐酸溶液

因为盐酸是强电解质，0.1 mol/L 盐酸溶液中 $[H^+]=0.1$ mol/L，

$$[OH^-]=\frac{K_w}{[H^+]}=\frac{1\times10^{-14}}{0.1}=1\times10^{-13} \text{ mol/L}$$

（2）0.1 mol/L 醋酸溶液

$$\frac{c}{K_a}=\frac{0.1}{1.75\times10^{-5}}=5\,714.3>500,$$

$$[H^+]=\sqrt{K_a\cdot c}=\sqrt{1.75\times10^{-5}\times0.1}=1.32\times10^{-3} \text{ mol/L}$$

$$[OH^-]=\frac{K_w}{[H^+]}=\frac{1\times10^{-14}}{1.32\times10^{-3}}=7.58\times10^{-12} \text{ mol/L}$$

课堂练习 4-5

已知 25 ℃时 0.1 mol/L 醋酸溶液解离度 $\alpha=1.32\%$，计算醋酸溶液的 $[OH^-]$。

二、溶液的酸碱性和溶液的 pH

1. 溶液的酸碱性

由水的离子积常数概念可知，水溶液中由于有水的存在，H^+ 和 OH^- 总是同时存在的。而水溶液之所以呈中性、酸性或碱性，是由 $[H^+]$ 和 $[OH^-]$ 的相对大小决定的。纯水由于 $[H^+]$ 和 $[OH^-]$ 相等而呈中性；若溶液中 $[H^+]>[OH^-]$，则溶液呈酸性；反之则

溶液呈碱性。溶液的酸碱性习惯上用 $[H^+]$ 来表示,在 25 ℃时概括如下:

$$\begin{cases} 当 [H^+] > 10^{-7} \text{ mol/L,即 } [H^+] > [OH^-],水溶液呈酸性; \\ 当 [H^+] = [OH^-] = 10^{-7} \text{ mol/L,水溶液呈中性;} \\ 当 [H^+] < 10^{-7} \text{ mol/L,即 } [H^+] < [OH^-],水溶液呈碱性。 \end{cases}$$

2. 溶液的 pH

溶液的酸碱性可用 $[H^+]$ 来表示,但对于一些 $[H^+]$ 很小的溶液,如果直接使用 $[H^+]$ 表示溶液的酸碱性,使用和记忆都不方便。为了简便起见,常采用 pH(或 pH 值)来表示溶液的酸碱性。我们把溶液中 $[H^+]$ 的负对数称为 pH。

$$pH = -\lg [H^+] \tag{4-11}$$

例如,溶液中若 $[H^+] = 10^3$ mol/L,则 pH = 3;若 $[H^+] = 10^{-12}$ mol/L,pH = 12。

根据 pH 定义可知,常温时

$$\begin{cases} 酸性溶液: [H^+] > 10^{-7} \text{ mol/L,pH} < 7; \\ 中性溶液: [H^+] = 10^{-7} \text{ mol/L,pH} = 7; \\ 碱性溶液: [H^+] < 10^{-7} \text{ mol/L,pH} > 7。 \end{cases}$$

且溶液中 $[H^+]$ 越大,即溶液酸性越强,pH 越小;反之,溶液中 $[H^+]$ 越小,即溶液碱性越强,则 pH 越大。

pH 使用范围一般在 0 ~ 14 之间,如图 4 - 2 所示。对于 $[H^+] > 1$ mol/L 的溶液,用物质的量浓度来表示更加方便。

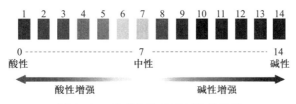

图 4 - 2　pH 值与溶液酸碱性的关系

溶液的酸碱性除用 $[H^+]$ 外,也可用 $[OH^-]$ 即 pOH 来表示。

$$pOH = -\lg [OH^-] \tag{4-12}$$

由 $[H^+][OH^-] = 1 \times 10^{-14}$ 可知,等号两边同时取负对数,得 pH 和 pOH 之间关系:

$$-\lg [H^+] - \lg [OH^-] = -\lg [1 \times 10^{-14}]$$

$$pH + pOH = 14 \tag{4-13}$$

例 4 - 6　某溶液的 pH = 3.35 时 $[H^+]$ 为多少?

解:
$$pH = -\lg [H^+] = 3.35$$
$$[H^+] = 10^{-3.35} = 4.47 \times 10^{-4} \text{ mol/L}$$

例 4 - 7　分别计算 25 ℃时 0.1 mol/L 盐酸溶液和 0.1 mol/L 醋酸溶液的 pH。已知 25 ℃时醋酸电离平衡常数 $K_a = 1.75 \times 10^{-5}$。

解:(1)0.1 mol/L 盐酸溶液

因为盐酸是强电解质,0.1 mol/L 盐酸溶液中 $[H^+] = 0.1$ mol/L,

$$pH = -\lg [H^+] = -\lg 0.1 = 1$$

（2）0.1 mol/L 醋酸溶液

$$\frac{c}{K_a} = \frac{0.1}{1.75 \times 10^{-5}} = 5\,714.3 > 500,$$

$$[H^+] = \sqrt{K_a \cdot c} = \sqrt{1.75 \times 10^{-5} \times 0.1} = 1.32 \times 10^{-3} \text{ mol/L}$$

$$pH = -\lg [H^+] = -\lg(1.32 \times 10^{-3}) = 2.88$$

课堂练习 4-6

已知鲜橙汁的 pH 为 2.8，它的 [H$^+$] 和 [OH$^-$] 各为多少？

例 4-8 求 0.5 mol/L NH$_3$·H$_2$O 的 pH。（$K_b = 1.8 \times 10^{-5}$）

解： NH$_3$·H$_2$O 是一元弱碱，$\dfrac{c}{K_b} = \dfrac{0.5}{1.8 \times 10^{-5}} = 2.78 \times 10^4 > 500$

因此 $[OH^-] = c\alpha = c \cdot \sqrt{\dfrac{K_b}{c}} = \sqrt{K_b \cdot c} = \sqrt{1.8 \times 10^{-5} \times 0.5} = 3 \times 10^{-3} \text{ mol/L}$

$$[H^+] = \frac{K_w}{[OH^-]} = \frac{1 \times 10^{-14}}{3 \times 10^{-3}} = 3.33 \times 10^{-12} \text{ mol/L}$$

$$pH = -\lg [H^+] = -\lg(3.33 \times 10^{-12}) = 11.48$$

课堂练习 4-7

将 0.1 mol/L NH$_3$·H$_2$O 与 0.1 mol/L NH$_4$Cl 溶液等体积混合，计算混合前后溶液 pH 和 NH$_3$·H$_2$O 解离度各为多少？已知 NH$_3$·H$_2$O 解离平衡常数 $K_b = 1.8 \times 10^{-5}$。

三、酸碱指示剂

pH 值是反映溶液酸碱性的一个重要数据。在生产和科学实验中控制和测量溶液的 pH 值是十分重要的。测定溶液 pH 值的方法很多，如用酸度计可以精确测定溶液 pH 值。但在实际工作中有时只需大概知道溶液的 pH 值即可，这时常用 pH 试纸和酸碱指示剂。

借助其颜色变化来指示溶液 pH 的物质叫作酸碱指示剂，如我们熟知的酚酞指示剂在碱性溶液中显红色。酸碱指示剂一般是有机弱酸或有机弱碱，它解离后的离子和未解离的分子呈现不同的颜色。当溶液 pH 发生改变时，指示剂发生解离平衡移动，从而引起指示剂颜色的变化。现以弱酸型指示剂（HIn）为例说明酸碱指示剂的变色原理。其解离平衡如下：

$$\text{HIn} \rightleftharpoons \text{H}^+ + \text{In}^-$$

酸式色　　碱式色

常见酸碱指示剂和变色范围见表 4-2。

表 4－2 常见酸碱指示剂和变色范围

指示剂	pH 变色范围	颜色		
		酸式色	过渡	碱式色
百里酚蓝	1.2～2.8	红	橙	黄
甲基橙	3.1～4.4	红	橙	黄
溴酚蓝	2.8～4.6	黄	蓝紫	紫
甲基红	4.4～6.2	红	橙	黄
溴百里酚蓝	6.0～7.6	黄	绿	蓝
酚酞	8.0～10.0	无	粉红	红
百里酚酞	9.4～10.6	无	淡黄	蓝

利用酸碱指示剂的颜色变化，可以判断溶液 pH 大约是多少，只能粗略知道溶液的酸碱性。要比较精确地知道溶液的酸碱性，可以用 pH 试纸，如图 4－3 所示。pH 试纸是由多种指示剂的混合液浸透的试纸，在不同 pH 值的溶液中显示不同的颜色。用 pH 试纸测定溶液的 pH 值，方法简单，应用广泛。

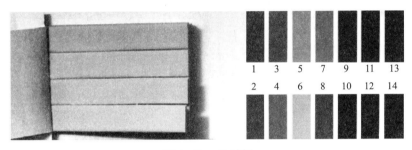

图 4－3 pH 试纸

§4－3 离子反应和盐类水解

 学习目标

1. 掌握离子反应式的书写。
2. 熟悉离子反应的条件和盐类的水解过程。
3. 了解影响盐类水解的因素。

【任务引入】

三支试管中分别盛装了 0.1 mol/L 盐酸、0.1 mol/L 氯化钠、0.1 mol/L 氯化钾溶液，后在三支试管中分别滴加硝酸银溶液。

问题　1. 观察并阐述三支试管中的现象。

　　　　2. 实验中尽管反应物不同，为什么会产生同一种沉淀？

一、离子反应和离子方程式

电解质在溶液里能够全部或者部分电离成离子，所以电解质在溶液里发生的反应，实质上是电解质溶液中离子之间的反应，这种有离子参加的化学反应称为离子反应。如硝酸银溶液与氯化钠溶液的反应是离子反应，化学反应方程式如下：

$$AgNO_3 + NaCl = NaNO_3 + AgCl \downarrow$$

硝酸银、氯化钠和硝酸钠都是易溶于水的强电解质，在溶液中都以离子形式存在，氯化银是难溶性物质，在溶液中主要以沉淀形式存在，以上方程式可写为：

$$Ag^+ + NO_3^- + Na^+ + Cl^- = Na^+ + NO_3^- + AgCl \downarrow$$

从以上方程式可以看出，反应前后的Na^+和NO_3^-没有发生变化，把它们从化学方程式中消去，可以写成：

$$Ag^+ + Cl^- = AgCl \downarrow$$

用实际参加反应的离子符号来表示离子反应的式子称为离子方程式。上式就是硝酸银溶液与氯化钠溶液反应的离子方程式。实际上，任何可溶性银盐和任何可溶性氯化物之间的反应，都是Ag^+和Cl^-结合生成$AgCl$沉淀，因此都可以用上述离子方程式表示。

离子方程式的书写，可以分为四步进行，下面就以氢氧化钡与盐酸的反应为例加以说明。

第一步：写　正确书写化学方程式：

$$Ba(OH)_2 + 2HCl = BaCl_2 + 2H_2O$$

第二步：拆　把易溶于水、易电离的物质写成离子形式，把难溶于水的物质、气体、水和弱电解质仍用化学式表示。上述化学方程式可改写为：

$$Ba^{2+} + 2OH^- + 2H^+ + 2Cl^- = Ba^{2+} + 2Cl^- + 2H_2O$$

第三步：删　删去方程式两边不参加反应的离子。上述化学方程式可改写为：

$$H^+ + OH^- = H_2O$$

第四步：查　检查离子方程式两边各元素的原子数目和离子所带的电荷总数是否相等。

化学方程式和离子方程式都能表示物质在水溶液中发生的化学变化，但意义不同。化学方程式只能表示某一个特定的化学反应，而离子方程式可以表示同一类化学反应。

例4－9　写出石灰石与盐酸反应的离子反应方程式。

解：写出石灰石与盐酸反应的化学方程式：

$$CaCO_3 + 2HCl = CaCl_2 + H_2O + CO_2 \uparrow$$

HCl、$CaCl_2$易溶于水，写成离子形式；而$CaCO_3$难溶于水，CO_2是气体，所以和H_2O仍保留化学式：

$$CaCO_3 + 2H^+ + 2Cl^- === Ca^{2+} + 2Cl^- + H_2O + CO_2 \uparrow$$

删去方程式两边不参加反应的离子，得：

$$CaCO_3 + 2H^+ === Ca^{2+} + H_2O + CO_2 \uparrow$$

课堂练习 4 - 8

写出下列离子方程式：

1. 氢氧化铁与盐酸反应

2. 硫酸铜与氢硫酸（弱电解质）反应

3. 氢氧化钠与醋酸（弱电解质）反应

4. 铁和稀硫酸反应

二、离子反应发生的条件

溶液中的复分解反应属于离子反应。这类离子反应发生的条件是有难溶性物质（沉淀）、挥发性物质（气体）、难电离物质（如水、弱酸或弱碱等弱电解质）生成。

1. 生成难溶性物质（沉淀）的反应

碳酸钠溶液和氯化钙溶液反应：

$$Na_2CO_3 + CaCl_2 === 2NaCl + CaCO_3 \downarrow$$

离子方程式：

$$CO_3^{2-} + Ca^{2+} === CaCO_3 \downarrow$$

这个离子方程式不仅说明碳酸钠和氯化钙反应的实质是 Ca^{2+} 和 CO_3^{2-} 生成了 $CaCO_3$ 沉淀，而且反映出任何可溶性碳酸盐和任何可溶性钙盐，都生成 $CaCO_3$ 沉淀。

2. 生成挥发性物质（气体）的反应：

锌和盐酸的反应：

$$Zn + 2HCl === ZnCl_2 + H_2 \uparrow$$

离子方程式：

$$Zn + 2H^+ === Zn^{2+} + H_2 \uparrow$$

这个离子方程式说明金属和酸的反应实际上是活泼金属置换出酸中的氢离子生成氢气的反应。

3. 生成难电离物质的反应

醋酸和氢氧化钠溶液的反应：

$$CH_3COOH + NaOH === CH_3COONa + H_2O$$

离子方程式：

$$CH_3COOH + OH^- === CH_3COO^- + H_2O$$

这个离子方程式说明醋酸部分电离出的 H^+ 和 OH^- 结合生成 H_2O。

凡具备上述条件之一，离子反应就能发生。除复分解反应外，还有其他类型的离子反应，如电解质溶液中的置换反应：

$$2KI + Cl_2 === 2KCl + I_2$$

离子方程式：

$$2I^- + Cl_2 === 2Cl^- + I_2$$

必须注意，书写离子方程式时，沉淀、气体、单质、水和其他难电离的物质不能写成离子。

离子反应广泛用于化学研究、化工生产、医疗诊断和环境保护等各个领域，化学实验中也常用相关的离子反应定性地检验某溶液中是否含有某离子。例如，在化学研究中，向某溶液中滴加稀硝酸和硝酸银溶液，如果产生白色沉淀，则说明该溶液中含有 Cl^-。

三、盐类水解

【案例分析】

案例 临床上治疗胃酸过多或酸中毒时常用碳酸氢钠或乳酸钠（$C_3H_5O_3Na$）治疗。因为碳酸氢钠或乳酸钠水解后显碱性，能中和过多的酸。氯化铵水解后显酸性，能中和过多的碱。

问题 1. 什么是盐类水解？

2. 为什么有的盐水解后显酸性，有的盐水解后显碱性？

我们知道，酸溶液显酸性，碱溶液显碱性。盐是酸和碱发生中和反应的产物，那么盐溶液显酸性、碱性还是中性？

【任务引入】

用 pH 试纸（如图 4 - 4 所示）分别测定 0.10 mol/L 的 $NaCl$、Na_2CO_3、NH_4Cl、KNO_3、CH_3COONa、$AlCl_3$ 等盐溶液的 pH。

图 4 - 4　pH 试纸

实验结果如下：

物质	pH 试纸颜色	pH 范围	物质	pH 试纸颜色	pH 范围
NH_4Cl		pH < 7	$AlCl_3$		pH < 7
$NaCl$		pH = 7	KNO_3		pH = 7
CH_3COONa		pH > 7	Na_2CO_3		pH > 7

思考 从实验结果中，你能得出什么结论？

实验结果表明：盐的水溶液不一定都是中性，有的显酸性，有的显碱性。例如，醋酸钠、碳酸钠的水溶液显碱性；氯化铵的水溶液显酸性；氯化钠和硝酸钾的水溶液显中性。为什么不同盐的水溶液会显示出不同的酸碱性？这是因为这些盐在溶液里全部解离，盐解离出的阴离子或阳离子与水解离的氢离子或氢氧根离子发生反应，生成弱酸或弱碱，从而破坏了水的解离平衡，使水中的氢离子和氢氧根离子浓度发生改变，所以，不同的盐溶液会显现出不同的酸碱性。

盐类在水溶液里解离出的离子跟水解离的氢离子或氢氧根离子结合生成弱电解质（弱酸或弱碱）的反应，称为盐类的水解。盐类的水解反应是酸碱中和反应的逆反应。盐能否发生水解反应，取决于盐的组成。

四、盐的分类与盐溶液的酸碱性

1. 盐的分类

根据形成盐的酸和碱的强弱不同，盐可分为 4 种类型，见表 4 - 3。

表 4 - 3   盐常见的 4 种类型

组成盐的酸和碱	盐的类型	实例
强酸 + 弱碱	强酸弱碱盐	NH_4Cl、$CuSO_4$、$FeCl_3$
弱酸 + 强碱	弱酸强碱盐	CH_3COONa、Na_2CO_3、$NaHCO_3$
强酸 + 强碱	强酸强碱盐	$NaCl$、KNO_3、Na_2SO_4
弱酸 + 弱碱	弱酸弱碱盐	CH_3COONH_4、$(NH_4)_2CO_3$

2. 盐溶液的酸碱性

盐溶液的酸碱性与盐类的水解反应关系密切，而盐是否发生水解反应，又和盐的组成类型密不可分。

（1）强酸弱碱盐

强酸弱碱盐都能发生水解反应。如氯化铵的水解过程为：

$$NH_4Cl \Longrightarrow Cl^- + NH_4^+$$

$$H_2O \Longrightarrow H^+ + OH^-$$

$$NH_3 \cdot H_2O$$

氯化铵在溶液中全部电离成铵根离子和氯离子，同时水电离出极少量的氢离子和氢氧根离子。铵根离子和氢氧根离子结合生成弱电解质 $NH_3 \cdot H_2O$，随着溶液里氢氧根离子浓度的减少，水的电离平衡向右移动，于是氢离子浓度相对增大，直到建立新的平衡。因为 $[H^+] > [OH^-]$，所以溶液显酸性。氯化铵的水解方程式是：

$$NH_4Cl + H_2O \Longrightarrow NH_3 \cdot H_2O + HCl$$

离子方程式： $$NH_4^+ + H_2O \Longrightarrow NH_3 \cdot H_2O + H^+$$

强酸弱碱盐能水解，其水解作用的实质是弱碱的阳离子跟水电离出的氢氧根离子结合生成了弱碱，导致溶液中 $[H^+] > [OH^-]$，结果使溶液显酸性。如 NH_4NO_3、$AlCl_3$、$FeCl_3$、$CuSO_4$ 等属于强酸弱碱盐，它们的水溶液都呈酸性。

（2）强碱弱酸盐

强碱弱酸盐都能发生水解反应。如醋酸钠的水解过程为：

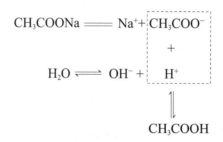

醋酸钠在溶液中全部电离成钠离子和醋酸根离子，同时水电离出极少量的氢离子和氢氧根离子。醋酸根能跟氢离子结合生成弱电解质 CH_3COOH。随着溶液里氢离子浓度减少，水的电离平衡向右移动，于是氢氧根离子浓度相对增大，直到建立新的平衡。因为 $[OH^-] > [H^+]$，所以溶液显碱性。醋酸钠的水解方程式是：

$$CH_3COONa + H_2O \rightleftharpoons NaOH + CH_3COOH$$

离子方程式：$\qquad CH_3COO^- + H_2O \rightleftharpoons OH^- + CH_3COOH$

强碱弱酸盐能水解，其水解作用的实质是弱酸根离子跟水中氢离子结合生成了弱酸，导致溶液中 $[OH^-] > [H^+]$，结果使溶液显碱性。如 CH_3COOK、Na_2CO_3、Na_3PO_4 等都属于强碱弱酸盐，它们水溶液都呈碱性。

（3）弱酸弱碱盐

弱酸弱碱盐都能发生水解反应。如醋酸铵的水解过程为：

$$CH_3COONH_4 \rightleftharpoons NH_4^+ + CH_3COO^-$$
$$H_2O \rightleftharpoons OH^- + H^+$$
$$NH_3 \cdot H_2O \quad CH_3COOH$$

醋酸铵在溶液里电离出的铵根离子和醋酸根离子，分别能跟水电离产生的氢氧根离子和氢离子结合生成弱电解质氨水和醋酸，所以这类盐的水解程度比前两类盐的水解程度要大些。醋酸铵的水解方程式是：

$$CH_3COONH_4 + H_2O \rightleftharpoons NH_3 \cdot H_2O + CH_3COOH$$

离子方程式：$\quad CH_3COO^- + NH_4^+ + H_2O \rightleftharpoons NH_3 \cdot H_2O + CH_3COOH$

弱酸弱碱盐水溶液的酸碱性，取决于水解后生成的弱酸和弱碱的相对强弱（它们电离常数的相对大小）。

弱酸的 K_a 值等于弱碱的 K_b 值，溶液显中性，如 CH_3COONH_4 的水溶液显中性。

弱酸的 K_a 值大于弱碱的 K_b 值，溶液显酸性，如（NH_4）$_2SO_3$ 的水溶液显酸性。

弱酸的 K_a 值小于弱碱的 K_b 值，溶液显碱性，如 NH_4CN、（NH_4）$_2S$ 的水溶液显碱性。

必须指出，盐类的水解是中和反应的逆反应，水解程度一般都比较小，所以书写水解反应方程式时，一般不标出气体符号和沉淀符号。

（4）强酸强碱盐

这类盐不发生水解。因为这类盐在溶液中电离出的离子，不能与水电离产生的氢离子或者氢氧根离子结合生成弱电解质，水的电离平衡不发生移动，所以溶液显中性。如 $NaCl$、$NaNO_3$、Na_2SO_4、$BaCl_2$ 等都属于强酸强碱盐，它们的水溶液都显中性。

五、影响盐类水解的因素

盐类水解是可逆反应，在一定条件下达到水解平衡状态（简称水解平衡）时，盐水解的程度大小主要由盐的本质属性所决定。生成盐的弱酸酸性越弱，其盐中弱酸根离子的水解程度越大；生成盐的弱碱碱性越弱，其盐中弱碱阳离子的水解程度越大，通常称为"越弱越水解"。

盐类水解反应达到平衡时，也和其他化学平衡一样，受到温度、溶液浓度等因素的影响。

1. 温度

盐类水解是中和反应的逆过程，中和反应是放热反应，所以水解反应是吸热反应。升高温度，水解平衡向右移动，可促进水解反应进行。我们常用纯碱（Na_2CO_3）溶液来洗涤油污物品，热的纯碱溶液去油污效果比较好，这是因为加热能促进纯碱的水解，使溶液中 $[OH^-]$ 浓度增大，去油污的能力增强。

$$CO_3^{2-} + H_2O \underset{}{\overset{\triangle}{\rightleftharpoons}} HCO_3^- + OH^-$$
$$\xrightarrow{\text{加热，平衡向右移动，促进水解}} \text{吸热反应}$$

2. 溶液浓度

加水稀释可促进水解。例如，将 $FeCl_3$ 溶液稀释，能产生 $Fe(OH)_3$ 沉淀。

$$Fe^{3+} + 3H_2O \rightleftharpoons Fe(OH)_3 + 3H^+$$
$$\xrightarrow{\text{加水稀释，平衡向右移动，促进水解}}$$

盐的水解在日常生活和医药行业中都有重要意义。例如，明矾 $[KAl(SO_4)_2 \cdot 12H_2O]$ 净水的原理，就是利用它水解生成的氢氧化铝胶体能吸附杂质这一性质。

$$Al^{3+} + 3H_2O \rightleftharpoons Al(OH)_3 + 3H^+$$

但是盐的水解也会带来一些不利的影响。例如，某些药物容易因水解而变质，这些药物应密闭保存在干燥处，以防止水解变质。

3. 溶液酸度

溶液酸度的改变，也可以促进或抑制水解。例如，三氯化铁水解，加入盐酸，溶液里氢离子浓度增大，平衡向左移动，起到抑制铁离子水解的作用。所以，实验室配制氯化铁溶液时，通常把氯化铁固体溶解在加有盐酸的冷水里，这样配制的溶液不会由于水解而产生混浊现象。

$$Fe^{3+} + 3H_2O \Longleftrightarrow Fe(OH)_3 + 3H^+$$

←———————————————————————
加盐酸，平衡向左移动，抑制水解

【知识链接】···

净水剂的净水原理

明矾等物质的净水作用是利用盐类水解。明矾，化学名为十二水硫酸铝钾，化学式为 $KAl(SO_4)_2 \cdot 12H_2O$。明矾在水中发生电离：$KAl(SO_4)_2 \Longleftrightarrow K^+ + Al^{3+} + 2SO_4^{2-}$，其中 Al^{3+} 水解生成的 $Al(OH)_3$ 是胶状物，具有很大的表面积，有较强的吸附性，可以吸附悬浮在水中的杂质，以达到净水的目的。$FeCl_3$ 也能净水，原理和明矾一样。

§4-4 难溶电解质的沉淀溶解平衡

 学习目标

1. 掌握难溶电解质的沉淀溶解平衡、溶度积规则。
2. 熟悉溶度积常数的意义。
3. 了解沉淀溶解平衡的移动。

【任务引入】···

实验 1. 将少量 PbI_2（难溶于水）放入烧杯中，加入一定量水，用玻璃棒充分搅拌，静置一段时间。

2. 取少量上层清液加入试管中，逐滴加入硝酸银溶液，振荡，观察现象。

实验现象 产生黄色沉淀。

实验本质 Ag^+ 与 I^- 反应生成 AgI 黄色沉淀。

问题 PbI_2 是难溶物质，溶液中为什么会有 I^-？

一、沉淀溶解平衡

难溶电解质在水中的溶解其实是一个复杂的过程。例如，在一定温度下，把难溶的固体 PbI_2 放入水中，一方面，由于水分子的作用，不断地有 Pb^{2+} 和 I^- 脱离 PbI_2 固体表面而进入溶液，成为无规则运动的水合离子，这个过程称为溶解；另一方面，已经溶解在溶液中的 Pb^{2+} 和 I^- 也在不停地运动并相互碰撞，离子在运动过程中碰到固体 PbI_2 的表面，又会重新回到固体表面，这个过程称为沉淀。

任何难溶电解质的溶解和沉淀都是可逆过程。在一定条件下，当沉淀和溶解两个相反过程的速率相等时，溶液中各种离子的浓度不再改变，但沉淀和溶解这两个相反过程并没有停止，这种动态的平衡状态称为沉淀—溶解平衡。例如，PbI_2 的沉淀—溶解平衡可表示为

$$PbI_2(s) \rightleftharpoons Pb^{2+} + 2I^-$$

二、溶度积常数

在一定条件下，难溶电解质 PbI_2 形成饱和溶液，达到沉淀溶解平衡，根据化学平衡定律，平衡常数的表达式为

$$K_{PbI_2} = \frac{[Pb^{2+}][I^-]^2}{[PbI_2]}$$

$$K_{PbI_2}[PbI_2] = [Pb^{2+}][I^-]^2$$

一定温度下式中 K_{PbI_2} 值是一个常数，PbI_2 是固体，其浓度也可看成是常数，所以 K_{PbI_2} $[PbI_2]$ 也是一个常数，用 K_{sp} 表示。

$$K_{sp,PbI_2} = [Pb^{2+}][I^-]^2$$

K_{sp} 表示在难溶电解质的饱和溶液中，当温度一定时，其离子浓度幂的乘积是一个常数，称为溶度积常数，简称溶度积。室温时，PbI_2 的溶度积是 9.8×10^{-9}。它反映了难溶电解质在水中的溶解能力，同时也反映了生成该难溶电解质沉淀的难易程度。常见难溶电解质的溶度积见附录三，供参考。

难溶电解质有不同类型，如 AB 型（AgCl）、A_2B 型（Ag_2CrO_4）、AB_2 型（PbI_2）等，用符号 A_mB_n 表示，其溶度积的通式可表示为

$$A_mB_n(s) \rightleftharpoons mA^{n+} + nB^{m-}$$

$$K_{sp} = [A^{n+}]^m[B^{m-}]^n \tag{4-14}$$

例如：$Ag_2CrO_4(s) \rightleftharpoons 2Ag^+ + CrO_4^{2-}$ $K_{sp} = [Ag^+]^2[CrO_4^{2-}]$

课堂练习 4-9

写出难溶电解质 AgBr、$Cr(OH)_3$、$Ba_3(PO_4)_2$ 的溶度积表达式。

三、溶度积规则

根据难溶电解质的溶度积，可以判断某一难溶电解质在一定条件下沉淀能否生成或溶解。

任意条件下，难溶电解质溶液中离子浓度幂的乘积称为离子积，用符号 Q 表示。Q 的表达式和 K_{sp} 相似。如在 $Mg(OH)_2$ 溶液中

$$Mg(OH)_2(s) \rightleftharpoons Mg^{2+} + 2OH^-$$

$$Q = [Mg^{2+}][OH^-]^2$$

要特别注意：虽然 Q 的表达式和 K_{sp} 相似，但含义不同，K_{sp} 是难溶电解质在沉淀和溶解达到平衡时，离子平衡浓度的幂次方乘积，在一定温度下是一个常数；而 Q 表示任何情况下离子浓度的幂次方乘积，其数值不是固定的，随着离子浓度的变化而变化，只有当溶液处于饱和态时，Q 和 K_{sp} 才相同。

在任何给定的难溶电解质溶液中，Q 和 K_{sp} 的比较有以下 3 种情况。

1. $Q = K_{sp}$，表示溶液为饱和溶液，体系达到沉淀溶解平衡。

2. $Q > K_{sp}$，表示溶液为过饱和溶液，体系处于不平衡状态，会析出沉淀，直至 $Q = K_{sp}$ 时达到沉淀溶解平衡。

3. $Q < K_{sp}$，表示溶液为不饱和溶液，体系处于不平衡状态，无沉淀析出。若溶液中有难溶电解质固体存在，则可继续溶解，直至 $Q = K_{sp}$ 时达到沉淀溶解平衡。

上述关于 Q 与 K_{sp} 的关系及用来判断沉淀的生成或溶解的规则称为溶度积规则，也称为溶度积原理。必须指出，有时根据计算结果 $Q > K_{sp}$ 应有沉淀析出，但实验时，往往因为有过饱和现象或沉淀极少，肉眼观察不出沉淀。

四、沉淀的生成与溶解

1. 沉淀的生成

根据溶度积规则，欲使某物质沉淀，必须使溶液里所含组成沉淀的各离子的离子积大于其溶度积（$Q > K_{sp}$），从而生成沉淀。

例 4 – 10　将 0.004 mol/L AgNO$_3$ 和 0.004 mol/L K$_2$CrO$_4$ 等体积混合时，有无红色的 Ag$_2$CrO$_4$ 沉淀析出？

解：
$$Ag_2CrO_4(s) \Longrightarrow 2Ag^+ + CrO_4^{2-}$$
两溶液等体积混合后，浓度分别为：
$$[Ag^+] = 2 \times 10^{-3}\ mol/L,\quad [CrO_4^{2-}] = 2 \times 10^{-3}\ mol/L$$
$$Q = [Ag^+]^2[CrO_4^{2-}] = (2 \times 10^{-3})^2 \times 2 \times 10^{-3} = 8 \times 10^{-9}$$
查表得知：$K_{sp,Ag_2CrO_4} = 1.12 \times 10^{-12}$，因为 $Q > K_{sp}$，所以有 Ag$_2$CrO$_4$ 红色沉淀析出。

答：有红色的 Ag$_2$CrO$_4$ 沉淀析出。

例 4 – 11　在含有浓度均为 0.10 mol/L 的 Cl$^-$ 和 I$^-$ 离子的混合溶液中，逐滴加入 AgNO$_3$ 溶液，先生成哪种沉淀？

解：查表得知：$K_{sp,AgCl} = 1.77 \times 10^{-10}$
$$K_{sp,AgI} = 8.51 \times 10^{-17}$$

AgCl 开始沉淀需要的 $[Ag^+]$ 为：
$$[Ag^+] = \frac{K_{sp,AgCl}}{[Cl^-]} = \frac{1.77 \times 10^{-10}}{0.10} = 1.77 \times 10^{-9}\ mol/L$$

AgI 开始沉淀需要的 $[Ag^+]$ 为：
$$[Ag^+] = \frac{K_{sp,AgI}}{[I^-]} = \frac{8.51 \times 10^{-17}}{0.10} = 8.51 \times 10^{-16}\ mol/L$$

答：逐滴加入 $AgNO_3$ 溶液时，AgI 沉淀先析出。

2. 沉淀的溶解

根据溶度积规则，须减少难溶电解质溶液里离子的浓度，使 $Q < K_{sp}$，从而使沉淀溶解。沉淀溶解的方法有以下几种。

（1）生成弱电解质使沉淀溶解

在实际应用中加入适当的试剂与溶液中的某种离子结合生成水、弱酸或弱碱等弱电解质，使溶液中相关离子的浓度降低，从而使得 $Q < K_{sp}$，达到沉淀溶解的目的。

1）生成水。例如，$Mg(OH)_2$ 能溶于盐酸，其溶解过程如下：

$$Mg(OH)_2(s) \rightleftharpoons Mg^{2+} + 2OH^-$$
$$2HCl \Longrightarrow 2Cl^- + 2H^+$$
$$\Updownarrow$$
$$2H_2O$$

由于生成弱电解质 H_2O，从而降低了溶液中 OH^- 浓度，使 $Q < K_{sp,Mg(OH)_2}$，于是平衡向沉淀溶解的方向移动。只要加入足量的酸，$Mg(OH)_2$ 沉淀就会不断溶解，直至全部溶解。

2）生成弱碱。同理 $Mg(OH)_2$ 还能溶于铵盐，其溶解过程如下：

$$Mg(OH)_2(s) \rightleftharpoons Mg^{2+} + 2OH^-$$
$$2NH_4Cl \Longrightarrow 2Cl^- + 2NH_4^+$$
$$\Updownarrow$$
$$2NH_3 \cdot H_2O$$

生成的 $NH_3 \cdot H_2O$ 是弱电解质，同时 NH_3 还有挥发性，使溶液中的 OH^- 浓度降低，导致 $Q < K_{sp,Mg(OH)_2}$，从而使平衡向 $Mg(OH)_2$ 沉淀溶解的方向移动，直到沉淀全部溶解。

3）生成弱酸。一些由弱酸生成的难溶电解质，它们能够溶于较强的酸。如 $CaCO_3$ 溶于盐酸：

$$CaCO_3(s) \Longrightarrow Ca^{2+} + CO_3^{2-}$$
$$2HCl \Longrightarrow 2Cl^- + 2H^+$$
$$\Updownarrow$$
$$H_2O + CO_2\uparrow$$

难溶于水的碳酸盐，由于分子中的 CO_3^{2-} 能与强酸作用生成难电离的 H_2CO_3，继而转化为 CO_2 气体，使沉淀溶解。只要 HCl 的量足够，$CaCO_3$ 可以全部溶解。

（2）氧化还原反应使沉淀溶解

加入氧化剂或还原剂，使某种离子发生氧化还原反应从而降低其浓度，达到沉淀溶解的

目的。如 CuS 不溶于浓盐酸，但可溶于 HNO$_3$ 中，反应式为

$$3CuS(s) + 8HNO_3 \Longrightarrow 3Cu(NO_3)_2 + 3S\downarrow + 2NO\uparrow + 4H_2O$$

由于 S^{2-} 被氧化成 S 沉淀析出，溶液中 S^{2-} 浓度降低，$Q < K_{sp,CuS}$，沉淀就会慢慢溶解。

（3）生成配合物使沉淀溶解

当难溶电解质中的金属离子与某些试剂形成配位化合物时，也会使沉淀溶解。如 AgCl 沉淀可溶于氨水，反应式为

$$AgCl(s) + 2NH_3 \Longrightarrow [Ag(NH_3)_2]Cl$$

由于生成了更难离解且易溶于水的配离子 $[Ag(NH_3)_2]^+$，使溶液中的 $[Ag^+]$ 降低，从而使 AgCl 沉淀逐步溶解。

【知识链接】

沉淀溶解平衡在医药学中的应用

溶度积原理在物质分离和药物分析中应用较多。

在分析药物含量时，常用沉淀滴定分析法。即把要测定的药物制成溶液，再加入试剂和被测药物中的某种离子进行反应，使之生成沉淀，然后根据所消耗试剂的体积和浓度，计算被测药物的含量。其操作原理和注意事项都与溶度积有关。

氢氧化铝作为药用常制成干燥氢氧化铝和氢氧化铝片（胃舒平），用于治疗胃酸过多、胃及十二指肠溃疡等疾病。它的优点是本身不被吸收，具有两性，其碱性很弱，作口服药物时无碱中毒的危险，与胃酸中和后生成的 AlCl$_3$ 具有收敛性和局部止血作用，是一种常用的抗酸药。

实训五　药用氯化钠的精制

一、实训目的

1. 理解

药用氯化钠精制的原理和方法。

2. 应用

称量、溶解、过滤、蒸发、浓缩、结晶和干燥等基本操作。

二、器材准备

1. 仪器

电子台秤或托盘天平、烧杯（100 mL、200 mL 各 1 个）、量筒（50 mL）、布氏漏斗、抽滤瓶、长颈漏斗、漏斗架、铁架台、蒸发皿、石棉网、酒精灯、循环水式多用真空泵等。

2. 试剂

粗食盐（研细并炒过）、酒精（95%）、HCl（6 mol/L）、NaOH（6 mol/L）、$BaCl_2$（6 mol/L）、饱和 Na_2CO_3溶液等。

三、实训内容与步骤

1. 实训指导

粗食盐中含有不溶性杂质如泥沙、草木屑等，含有可溶性杂质如 Ca^{2+}、Mg^{2+}、Fe^{3+}、K^+、SO_4^{2-}、CO_3^{2-}、Br^-、I^-、NO_3^- 等。不溶性杂质可用过滤法除去，可溶性杂质用化学方法转为沉淀过滤除去。

（1）加入稍过量 $BaCl_2$，除去 SO_4^{2-}

$$Ba^{2+} + SO_4^{2-} = BaSO_4 \downarrow$$

（2）加入 NaOH、Na_2CO_3，除去 Ca^{2+}、Mg^{2+}、Fe^{3+} 及过量 Ba^{2+}

$$Mg^{2+} + 2OH^- = Mg(OH)_2 \downarrow$$
$$Ca^{2+} + CO_3^{2-} = CaCO_3 \downarrow$$
$$Fe^{3+} + 3OH^- = Fe(OH)_3 \downarrow$$
$$2Fe^{3+} + 3CO_3^{2-} + 3H_2O = 2Fe(OH)_3 \downarrow + 3CO_2 \uparrow$$
$$Ba^{2+} + CO_3^{2-} = BaCO_3 \downarrow$$

（3）加 HCl，除去过量 OH^-、CO_3^{2-}

$$H^+ + OH^- = H_2O$$
$$2H^+ + CO_3^{2-} = CO_2 \uparrow + H_2O$$

（4）由于钾盐溶解度随温度变化比 NaCl 显著，故在 NaCl 蒸发结晶时，可溶性杂质，如 K^+、Br^-、I^-、NO_3^- 等，留在母液中与 NaCl 晶体分离。

（5）吸附在 NaCl 表面的 HCl，可用水或酒精洗涤除去，再加热除去水分。

2. 操作步骤

（1）称量和溶解

用电子台秤或托盘天平称取 5.0 g 粗食盐（研细，并炒过），置于 100 mL 小烧杯中，加入 18 mL 蒸馏水，边加热边搅拌，使之溶解。

（2）除去 SO_4^{2-} 离子

在煮沸的粗食盐溶液中，边搅拌边滴加 2 mL $BaCl_2$溶液。为了检验沉淀是否完全，可将酒精灯移开，待沉淀下降后，在上层清液中加入 1~2 滴 $BaCl_2$溶液，观察是否有混浊现象。若无混浊，说明 SO_4^{2-} 已沉淀完全。若有混浊则要继续滴加 $BaCl_2$溶液，直到沉淀完全。然后小火加热 5 min，以使沉淀颗粒长大便于过滤。常压过滤，保留滤液，弃去沉淀。

（3）除去 Ca^{2+}、Mg^{2+}、Fe^{3+}、Ba^{2+} 等离子

在滤液中加入 1 mL NaOH 溶液和 2 mL Na_2CO_3溶液，加热至沸。方法同上，用 Na_2CO_3溶液检验沉淀是否完全。继续煮沸 5 min，常压过滤，弃去沉淀，保留滤液。

（4）调节溶液的 pH

在滤液中逐滴加入 6 mol/L 盐酸，加热，充分搅拌，除尽 CO_2 气体，并用玻璃棒蘸取溶液在 pH 试纸上试验，直到溶液呈微酸性（pH 值为 3～4）。目的是除去过量的 NaOH 和 Na_2CO_3，防止蒸发以后 NaOH 等物质会残留在提纯后的氯化钠中，影响纯度。

（5）蒸发浓缩

将溶液转移到蒸发皿中，用小火加热，蒸发浓缩至溶液呈稠粥状为止，切不可将溶液蒸干。防止溶液中还存在杂过程中无法除去的 KCl 杂质，若将溶液蒸干，KCl 将共存于食盐结晶中。

（6）结晶和干燥

将浓缩液冷却至室温，减压过滤，用少量体积分数 95% 乙醇淋洗滤饼 2～3 次，将晶体转移到事先称量好的蒸发皿中，加热烘干，冷却后称量，计算产率。

3. 注意事项

（1）蒸发浓缩时应边加热边用玻璃棒搅拌。

（2）抽滤时，滤纸要比布氏漏斗内径略小，但必须覆盖全部小孔，要用母液全部转移晶体。

四、实训测评

1. 实训中，为什么要先加入 $BaCl_2$ 溶液，然后依次加入 NaOH、Na_2CO_3 溶液？能否先加 Na_2CO_3 溶液？

2. 常压过滤和减压过滤操作流程是什么？

3. 蒸发前为什么要将溶液调到微酸性（pH 值为 3～4）？

实训六　电解质溶液与同离子效应

一、实训目的

1. 理解

强、弱电解质的区别，pH 试纸测定近似 pH 值。

2. 应用

盐类水溶液的酸碱性，同离子效应。

二、器材准备

1. 仪器

试管、试剂瓶（带滴管）、点滴板、烧杯、镊子。

2. 试剂

0.1 mol/L H_2SO_4、0.1 mol/L $H_2C_2O_4$、0.1 mol/L HCl、0.1 mol/L CH_3COOH、0.1 mol/L

NaOH、0.1 mol/L $NH_3 \cdot H_2O$、0.1 mol/L Na_2CO_3、0.1 mol/L $(NH_4)_2SO_4$、0.1 mol/L Na_2SO_4、蒸馏水、CH_3COONa 固体、锌粒、pH 试纸、红色石蕊试纸、蓝色石蕊试纸、紫色石蕊。

三、实训内容与步骤

1. 实训指导

（1）强、弱电解质在水中的电离程度不一致，强电解质是完全电离，弱电解质是部分电离。

（2）pH 试纸可以根据试纸颜色的变化，与标准比色卡进行对比，测得溶液的近似 pH 值。

（3）强酸弱碱盐、强碱弱酸盐以及弱酸弱碱盐在水溶液中均会发生不同程度的水解，是由于弱酸、弱碱的离子能够水解。

（4）弱酸、弱碱在水溶液中部分电离，电离平衡会受到外界条件改变的影响，其中加入与弱酸、弱碱相同的离子，会抑制弱酸、弱碱的电离。

2. 操作步骤

（1）取两支试管，分别加入大小相同锌粒一粒，再分别加入 0.1 mol/L H_2SO_4 和 0.1 mol/L $H_2C_2O_4$ 各 1 mL（约 20 滴）。观察两支试管产生气体的情况，并说明理由。

（2）取 pH 试纸 5 张分别放入点滴板孔内，分别滴加 0.1 mol/L HCl、CH_3COOH、NaOH、$NH_3 \cdot H_2O$ 溶液和 H_2O。将 pH 试纸颜色与标准比色卡进行对比，读出溶液的近似 pH 值，填写下表。

记录项目	HCl	CH_3COOH	H_2O	$NH_3 \cdot H_2O$	NaOH
pH 值					

（3）取 pH 试纸、红色石蕊试纸和蓝色石蕊试纸各 3 张分别放入点滴板孔内，分别滴加 0.1 mol/L Na_2CO_3、$(NH_4)_2SO_4$ 和 Na_2SO_4 溶液。观察试纸颜色变化，将结果填入下表。

记录项目	pH 值	红色石蕊试纸	蓝色石蕊试纸	酸碱性
$(NH_4)_2SO_4$				
Na_2SO_4				
Na_2CO_3				

（4）取两支试管，分别加入 0.1 mol/L CH_3COOH 1 mL（约 20 滴），紫色石蕊 2 滴，摇匀，观察试管内溶液颜色，向其中一支试管内加入少量 CH_3COONa 固体，摇匀后与另一支试管比较，观察颜色的变化，并说明理由。

3. 注意事项

（1）实训过程中，使用试剂种类较多，注意避免混淆造成实验现象混乱和试剂的污染。

（2）实训结束后，按规定将废弃物置于垃圾桶内，保护实验环境卫生。

四、实训测评

1. 强、弱电解质的区别是什么？

2. 盐类水溶液酸碱性的规律是什么？

3. 导致同离子效应的原因是什么？

知识回顾

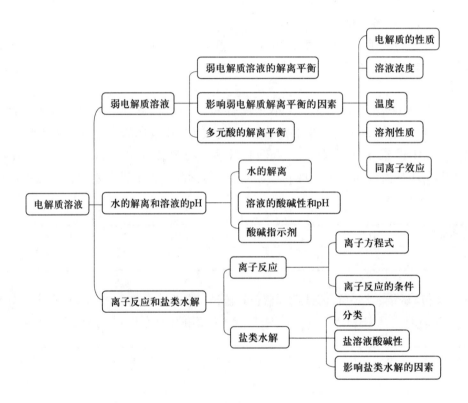

目标检测

一、单项选择题

1. 下列物质是强电解质的是（　　）。

A. 水　　　　　　　B. 醋酸　　　　　　C. 氯化钠　　　　　　D. 氨水

2. 0.4 mol/L CH_3COOH 溶液中 H^+ 浓度是 0.1 mol/L CH_3COOH 溶液中 H^+ 浓度的（　　　）。

　　A. 1 倍　　　　　　B. 2 倍　　　　　　C. 3 倍　　　　　　D. 4 倍

3. 和化学平衡常数一样，解离平衡常数与（　　　）有关。

　　A. 压力　　　　　　　　　　　　B. 浓度

　　C. 相对分子质量　　　　　　　　D. 温度

4. pH 值增加一个单位，则溶液中氢离子浓度（　　　）。

　　A. 增大 10 倍　　　　　　　　　B. 减小到 1/10

　　C. 增加 1 倍　　　　　　　　　　D. 减小到 1/2

5. 在常温下，pH = 6 的溶液与 pH = 8 的溶液相比，其氢离子浓度（　　　）。

　　A. 相等　　　　　　　　　　　　B. 高 2 倍

　　C. 高 10 倍　　　　　　　　　　D. 高 100 倍

6. HCN 的电离平衡常数表达式为 $K_a = \dfrac{[H^+][CN^-]}{[HCN]}$，下列选项中说法正确的是（　　　）。

　　A. 加 HCl，K_a 变大　　　　　　B. 加 NaCN，K_a 变大

　　C. 加 HCN，K_a 变小　　　　　　D. 加 H_2O，K_a 不变

7. 在纯水中加入一些酸，则溶液中（　　　）。

　　A. H^+ 和 OH^- 浓度的乘积增大　　　B. H^+ 和 OH^- 浓度的乘积减小

　　C. H^+ 和 OH^- 浓度的乘积不变　　　D. 溶液 pH 增大

8. 0.1 mol/L CH_3COOH 溶液中加入 CH_3COONa 晶体会使溶液的 pH（　　　）。

　　A. 增大　　　　　　B. 不变　　　　　　C. 减小　　　　　　D. 先增大后减小

9. 为使 CH_3COOH 解离度降低，可加入的物质是（　　　）。

　　A. CH_3COONa　　　B. H_2O　　　　　C. NaCl　　　　　D. Na_2SO_4

10. 下列溶液中酸性最强的是（　　　）。

　　A. pH = 5　　　　　B. pH = 2　　　　　C. pOH = 2　　　　D. $[H^+]$ = 0.1 mol/L

11. 一定温度下，加水稀释弱酸，下列数值不变的是（　　　）。

　　A. $[H^+]$　　　　　B. 解离度 α　　　C. pH　　　　　　D. K_a

12. 室温下 0.1 mol/L $NH_3 \cdot H_2O$ 中，水的离子积常数是（　　　）。

　　A. 1.0×10^{-10}　　B. 1.0×10^{-4}　　C. 1.0×10^{-14}　　D. 1.0×10^{-8}

13. 下列盐不能水解的是（　　　）。

　　A. CH_3COOK　　　B. $FeCl_3$　　　　C. NH_4Cl　　　　D. NaCl

14. 下列盐溶液中，pH < 7 的是（　　　）。

　　A. NaCl　　　　　　　　　　　　B. CH_3COONa

　　C. $(NH_4)_2SO_4$　　　　　　　　D. Na_2SO_4

15. 下列对沉淀溶解平衡的描述正确的是（　　　）。

A. 沉淀溶解达到平衡时，溶液中各离子浓度相等

B. 沉淀溶解达到平衡时，沉淀的速率和溶解的速率相等

C. 沉淀溶解达到平衡时，溶液中溶质的离子浓度相等，且保持不变

D. 沉淀溶解达到平衡时，如果再加入难溶性的该沉淀物，将促进溶解

16. 在含有浓度均为 0.1 mol/L 的 Cl^-、Br^-、I^-、CrO_4^{2-} 混合溶液中，逐滴加入 $AgNO_3$ 溶液，最先生成的沉淀是（　　　）。

A. $AgCl$ B. $AgBr$ C. AgI D. Ag_2CrO_4

17. 下列溶液不能使 $Mg(OH)_2$ 沉淀溶解的是（　　　）。

A. HCl B. $NaCl$ C. NH_4Cl D. HNO_3

18. 在 $AgBr$ 溶液处于沉淀—溶解平衡状态时，向此溶液加入 $AgNO_3$ 后，溶液中的沉淀（　　　）。

A. 增加   B. 减少   C. 数量不变   D. 不能确定

二、填空题

1. 电解质是指_____，电解质分为_____和_____两类。

2. 解离平衡是_____的一种，服从_____规律。解离平衡常数与_____有关，而与_____无关。解离度是指_____，解离度和解离平衡常数二者关系是_____。

3. 同离子效应使弱电解质解离度_____，盐效应使弱电解质解离度_____，同离子效应较盐效应_____得多。

4. _____称为 pH 值。pH 值使用范围一般在_____之间，溶液中〔H^+〕越大，pH 值越_____。

5. 0.5 mol/L $NH_3 \cdot H_2O$ 溶液中加入 NH_4Cl 固体，则 $NH_3 \cdot H_2O$ 解离度_____，pH 值将_____，解离常数_____。

6. 常温下，酸性溶液〔H^+〕_____ mol/L，pH ____；中性溶液〔H^+〕_____ mol/L，pH _____；碱性溶液〔H^+〕_____ mol/L，pH _____。

7. K_a、K_b、K_w 分别称为_____、_____、_____，它们的大小与_____有关，与_____无关。

8. 同一弱电解质的解离度与其浓度的平方根成_____，溶液浓度越稀，解离度越_____。

9. 写出下列物质的电离方程式。

（1）$NaHSO_4$_____

（2）$NaHCO_3$_____

（3）H_2O_____

（4）CH_3COOH_____

（5）H_2SO_4 _____

（6）Na_2SO_4 _____

10. 向 $CuSO_4$ 溶液中滴加 $NaOH$ 溶液，溶液中_____ 离子的量减少，_____离子的量增加，_____ 离子的量没有变化，反应的离子方程式是_____。

11. 在难溶电解质饱和溶液中 K_{sp} _____ Q，在不饱和溶液中 K_{sp} _____ Q，在过饱和溶液中 K_{sp} _____ Q。

12. 要使处于沉淀平衡状态的难溶电解质溶解，就要_____ 该难溶电解质在溶液中的离子浓度。（增大、减小）

三、判断题

1. 电解质在电的作用下解离。 （　　）
2. 在相同浓度下，凡一元酸水溶液 ［H^+］ 都相等。 （　　）
3. 根据 $K_a = c\alpha^2$，弱酸浓度越小，解离度越大，溶液中 ［H^+］ 也越大。 （　　）
4. 在任何温度下水的离子积常数均是 1×10^{-14}。 （　　）
5. 溶液 pH 值越大，则酸性越弱。 （　　）
6. 盐酸溶液只有 H^+ 没有 OH^-。 （　　）
7. 稀释可以使醋酸的电离度增大，因而可使其酸性增强。 （　　）
8. pH 值使用范围一般在 1 ~ 14 之间。 （　　）
9. H^+、Na^+、Cl^-、S^{2-} 这些离子不能共存。 （　　）
10. 盐酸和氢氧化钠溶液混合后的离子方程式是：$H^+ + OH^- \rightleftharpoons H_2O$ （　　）
11. 若某盐的水溶液 pH = 7，则此盐不水解。 （　　）
12. 氯化铵水解后溶液显中性。 （　　）

四、简答题

1. 什么是同离子效应？
2. 什么是水的离子积？
3. 写出氯化铵在溶液中水解的方程式，并分析溶液的酸碱性。
4. 写出影响盐类水解的因素有哪些？

五、综合题

1. 分别计算 25 ℃时 0.01 mol/L 盐酸和 0.01 mol/L 醋酸的 H^+ 浓度和 pH 值各为多少？已知 25 ℃时醋酸解离平衡常数 $K_a = 1.75 \times 10^{-5}$。

2. 已知次氯酸的解离平衡常数 $K_a = 3.0 \times 10^{-8}$，求 0.01 mol/L 次氯酸（HClO）溶液中 H^+ 浓度、ClO^- 浓度及次氯酸（HClO）的解离度。

3. 0.001 mol/L 某酸 pH 值为 3.939，求解离平衡常数 K_a。

4. 计算 0.1 mol/L $NH_3 \cdot H_2O$ 溶液的 pH 值。已知 $NH_3 \cdot H_2O$ 解离平衡常数 $K_b = $

1.8×10^{-5}。

5. 将 10 mL 0.01 mol/L $MgCl_2$ 和 10 mL 0.001 mol/L 的 NaOH 溶液在 25 ℃时混合，是否有 $Mg(OH)_2$ 沉淀生成？

6. 等体积的 0.10 mol/L $AgNO_3$ 和 0.10 mol/L KI 混合后将产生沉淀，当沉淀完全后溶液中是否还有 Ag^+ 和 I^- 存在？解释原因（一般离子浓度低于 $10^{-4} \sim 10^{-5}$ mol/L 时，可认为沉淀已经完全）。

第五章

氧化还原反应与原电池

氧化还原反应是化学中非常重要的一类反应,自然界中的物质燃烧、人体生命活动、植物光合作用、生产生活中的化学电池、金属冶炼、火箭发射等都与氧化还原反应息息相关。药品生产、分析检测等方面的工作,如维生素 C 的含量测定、双氧水消毒杀菌、药物的氧化变质等都离不开氧化还原反应。所以,氧化还原的基本概念和理论是药学相关专业必备的基础知识。

§5–1 氧化还原反应

 学习目标

1. 掌握元素氧化数的计算和应用氧化数法配平氧化还原反应方程式。
2. 熟悉常见元素的氧化数和氧化还原反应的概念。
3. 了解常见氧化剂与还原剂。

一、氧化数

有无电子转移(得失或偏移)是判断一个化学反应是不是氧化还原反应的一个重要特征。为了确定化学反应中是否有电子得失或偏移,1970 年国际纯粹与应用化学联合会(IUPAC)提出了氧化数概念,并给予了明确定义。

氧化数又称为氧化值,是化合物或单质中某元素的一个原子的电荷数,也是元素氧化态的标志。

根据氧化数的定义,确定氧化数的一般规则如下。

1. 在单质中,元素的氧化数为 0。如白磷(P_4)、臭氧(O_3)中元素的氧化数均为 0。
2. 中性分子中所有氧化数的代数和为 0。在遵循这一原则的基础上,元素的氧化数不一定是整数,可以出现分数,如 Fe_3O_4 中铁的氧化数为 $+\dfrac{8}{3}$,实际是 2 个 Fe(+3)和 1 个

Fe（+2）的平均值，又称为平均氧化数。

3. 氧在大多数化合物中氧化数为 -2，但在过氧化物（如 Na_2O_2、H_2O_2）中氧为 -1，氟化物中氧为正值。

4. 氢除了在活泼金属氢化物中氧化数为 -1 外（如 NaH 中 Na 为 $+1$，H 为 -1），在一般化合物中氧化数皆为 $+1$。

5. 化合物中常见元素的氧化数见表 5–1。

表 5–1　　　　　　　　　　　　常见元素的氧化数

元素	氧化数	元素	氧化数
H	+1、-1（金属氢化物）	C	+2、+4
O	-2、-1（过氧化物）	F	-1
N	-3、+2、+4、+5	Cl	-1、+1、+5、+7
S	-2、+4、+6	Ag、Na、K	+1
Cu	+1、+2	Zn、Mg、Ca、Ba	+2
Fe	+2、+3	Al	+3

例 5–1　计算 Cl_2、HCl、HClO、$HClO_2$、$HClO_3$、$HClO_4$ 中 Cl 元素的氧化数。

解：设 Cl 元素的氧化数为 x

Cl_2：　　　　　　　　　　　　　　　$x = 0$

HCl：（+1）$+ x = 0$　　　　　　　　　$x = -1$

HClO：（+1）$+ x +$（-2）$= 0$　　　　$x = +1$

$HClO_2$：（+1）$+ x +$（-2）$\times 2 = 0$　$x = +3$

$HClO_3$：（+1）$+ x +$（-2）$\times 3 = 0$　$x = +5$

$HClO_4$；（+1）$+ x +$（-2）$\times 4 = 0$　$x = +7$

课堂练习 5–1

根据以上规则，在各个化学式上标出各个元素的氧化数。

O_2　　　　　H_2　　　　　CO_2　　　　　CO　　　　　NaOH　　　　　Na_2O_2

$NaCO_3$　　　HF　　　　　HNO_3　　　　SO_2　　　　H_2SO_4　　　　FeO

Fe_2O_3　　　HCl　　　　　HClO　　　　　Al_2O_3

二、氧化还原反应的基本概念

【案例分析】

案例　请根据初中学过的氧化和还原反应的知识，分析以下反应，完成下表。

$$2CuO + C \stackrel{}{=\!=\!=} 2Cu + CO_2 \uparrow$$

$$Fe_2O_3 + 3CO \stackrel{}{=\!=\!=} 2Fe + 3CO_2$$

物质	反应物	发生的反应（氧化反应或还原反应）
得氧物质		
失氧物质		

问题 1. 请标出以上反应中各物质所含元素的氧化数，比较反应前后氧化数有无变化。

2. 在以上反应中，物质发生氧化反应或还原反应，与物质所含元素氧化数的升高或降低有什么关系？

1. 氧化还原反应

18 世纪末，化学家在总结许多物质与氧的反应后，发现这类反应具有一些相似特征，提出了氧化还原反应的概念：与氧化合的反应，称为氧化反应；从含氧化合物中夺取氧的反应，称为还原反应。随着化学的发展，氧化还原反应也得到了正式的定义：化学反应前后，元素的氧化数有变化的这类反应称为氧化还原反应。如铁和稀盐酸发生的化学反应：

$$Fe + 2HCl \stackrel{}{=\!=\!=} FeCl_2 + H_2 \uparrow$$

观察反应发现，整个化学方程式中没有与 O_2 发生反应，也没有 O 元素的参与，但 Fe 元素和 H 元素的氧化数均发生了变化，我们认为该反应属于氧化还原反应。

氧化还原反应的实质是反应物之间发生了电子的得失或偏移。在氧化还原反应中，一种物质失去电子，必定有一种物质得到了电子，这两个相反的过程在一个反应里同时发生、相互依存，氧化还原反应是氧化过程和还原过程的总和，凡是有电子得失的化学反应都是氧化还原反应。而反应中电子的得失，主要反映在元素氧化数的变化上。

2. 氧化剂和还原剂

凡是得到电子，所含元素氧化数降低的物质，称为氧化剂，氧化剂能使其他物质氧化，而本身被还原；凡是失去电子，所含元素氧化数升高的物质，称为还原剂，还原剂能使其他物质还原，而本身被氧化。在氧化还原反应中，电子是从还原剂转移到氧化剂的。如以下两个氧化还原反应：

$$2CO + O_2 \stackrel{}{=\!=\!=} 2CO_2$$

$$CuO + H_2 \stackrel{}{=\!=\!=} Cu + H_2O$$

在第一个反应中，CO 中 C 元素的氧化数由 +2 升高到 +4，被氧化，发生了氧化反应，所以 CO 是还原剂；O_2 中 O 元素的氧化数由 0 降低到 -2，被还原，发生了还原反应，所以 O_2 是氧化剂。在第二个反应中，CuO 中 Cu 元素的氧化数由 +2 降低到 0，被还原，CuO 是氧化剂，Cu 是还原产物；H_2 中 H 元素氧化数由 0 升高到 +1，被氧化，H_2 是还原剂，H_2O 是氧化产物。

综合以上规律，可以得到一个氧化还原反应的通式：

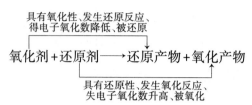

常见的氧化剂见表5-2，常见的还原剂见表5-3。

表5-2   常见的氧化剂

类别	氧化剂	还原产物	有关元素氧化数的变化
非金属单质	O_2	O^{2-} （H_2O、OH^-）	$0 \rightarrow -2$
	Cl_2	Cl^-	$0 \rightarrow -1$
	Br_2	Br^-	$0 \rightarrow -1$
	I_2	I^-	$0 \rightarrow -1$
氧化物	I_2O_5	I_2	$+5 \rightarrow 0$
	PbO_2	Pb^{2+}	$+4 \rightarrow +2$
	MnO_2	Mn^{2+}	$+4 \rightarrow +2$
	CrO_3	Cr^{3+}	$+6 \rightarrow +3$
过氧化物	H_2O_2	H_2O、OH^-	$-1 \rightarrow -2$
	Na_2O_2	OH^-	$-1 \rightarrow -2$
高价含氧酸或酸根离子	HNO_3（稀）	NO	$+5 \rightarrow +2$
	HNO_3（浓）	NO_2	$+5 \rightarrow +4$
	H_2SO_4（浓）	SO_2	$+6 \rightarrow +4$
	MnO_4^-	Mn^{2+}、MnO_2	$+7 \rightarrow +2$、$+4$
	ClO^-	Cl^-	$+1 \rightarrow -1$
	ClO_3^-	Cl^-	$+5 \rightarrow -1$
	$Cr_2O_7^{2-}$	Cr^{3+}	$+6 \rightarrow +3$
	$S_2O_8^{2-}$	SO_4^{2-}	$+7 \rightarrow +6$
高价金属离子	Fe^{3+}	Fe^{2+}	$+3 \rightarrow +2$

表5-3   常见的还原剂

类别	还原剂	氧化产物	有关元素氧化数的变化
金属单质	K、Na	K^+、Na^+	$0 \rightarrow +1$
	Ca、Mg、Fe、Zn	Ca^{2+}、Mg^{2+}、Fe^{2+} Zn^{2+}	$0 \rightarrow +2$
	Al	Al^{3+}	$0 \rightarrow +3$
非金属单质	H_2	H^+	$0 \rightarrow +1$
	C	CO_2	$0 \rightarrow +4$

续表

类别	还原剂	氧化产物	有关元素氧化数的变化
低价金属离子	Fe^{2+}	Fe^{3+}	$+2 \rightarrow +3$
	Sn^{2+}	Sn^{4+}	$+2 \rightarrow +4$
低价化合物或酸根离子	HCl（浓）	Cl_2	$-1 \rightarrow 0$
	I^-	I_2	$-1 \rightarrow 0$
	H_2S	S	$-2 \rightarrow 0$
	CO	CO_2	$+2 \rightarrow +4$
	SO_3^{2-}	SO_4^{2-}	$+4 \rightarrow +6$
	H_2O	O_2	$-2 \rightarrow 0$
	$H_2C_2O_4$	CO_2	$+3 \rightarrow +4$
	AsO_2^-	AsO_4^{3-}	$+3 \rightarrow +5$
	NaH、CaH_2	H_2	$-1 \rightarrow 0$

多数氧化还原反应氧化剂和还原剂是两种不同的物质，也有氧化还原反应氧化数的升高与降低发生于同一物质中，称为自身氧化还原反应。

例如：$2KMnO_4 \rule[0.5ex]{1em}{0.4pt} K_2MnO_4 + MnO_2 + O_2 \uparrow$

在氧化还原反应中，若同种元素部分氧化数升高，部分氧化数降低，则这种反应称为歧化反应。

例如：$Cl_2 + H_2O \rule[0.5ex]{1em}{0.4pt} HClO + HCl$

一个化学反应，是否属于氧化还原反应，应依据定义，根据反应前后是否有氧化数的升降来判断。例如，反应 $3O_2 \rule[0.5ex]{1em}{0.4pt} 2O_3$ 单质氧化数为 0，所以这个反应并不是氧化还原反应。

例 5 - 2　以下两个化学反应方程式，试判断它们是否属于氧化还原反应。

（1）$Na_2CO_3 + CaCl_2 \rule[0.5ex]{1em}{0.4pt} 2NaCl + CaCO_3 \downarrow$

（2）$2KMnO_4 + 16HCl \rule[0.5ex]{1em}{0.4pt} 2KCl + 2MnCl_2 + 5Cl_2 \uparrow + 8H_2O$

解：（1）在该反应发生前，Na、C、O、Ca、Cl 元素氧化数分别为 +1、+4、-2、+2、-1，反应后氧化数并未发生改变，故该反应不属于氧化还原反应。

（2）在该反应发生前，Mn、Cl 元素的氧化数分别为 +7、-1，反应后 $MnCl_2$ 中 Mn 元素氧化数为 +2，Cl_2 中 Cl 元素氧化数为 0，反应前后氧化数发生改变，故该反应属于氧化还原反应。

课堂练习 5 - 2

判断以下化学反应方程式是否为氧化还原反应，并说明原因。

$$Al_2O_3 + 2NaOH \rule[0.5ex]{1em}{0.4pt} 2NaAlO_2 + H_2O$$

$$Mg + 2HCl \rule[0.5ex]{1em}{0.4pt} MgCl_2 + H_2 \uparrow$$

$$FeO + 4HNO_3 \rule[0.5ex]{1em}{0.4pt} Fe(NO_3)_3 + NO_2 \uparrow + 2H_2O$$

三、氧化还原反应方程式的配平

配平氧化还原反应的方法有很多种，其中最主要的方法都是根据电子的得失或氧化数的升降来计算的。对于简单的氧化还原反应方程式，可以用观察法配平，但许多氧化还原反应往往比较复杂，可以使用氧化数升降法配平，配平依据的主要原则是质量守恒、电子守恒、氧化数升降守恒。基本步骤如下：

（1）标变数

标出反应前后变价元素的氧化数。

（2）列升降

列出反应前后元素氧化数的升降变化值。

（3）求总数

按最小公倍数确定氧化剂和还原剂化学式系数，使氧化数升高和降低的总数相等。

（4）配系数

再用观察法配平其他物质的化学计量数，配平后，把单线改成等号。

（5）查守恒

检查方程式两边原子数、电荷数是否分别守恒。

例 5 - 3 用氧化数升降法配平碳与硝酸发生的反应。

$$C + HNO_3 \longrightarrow NO_2 \uparrow + CO_2 \uparrow + H_2O$$

解：

$$
\overset{0}{C} + H\overset{+5}{N}O_3 \longrightarrow \overset{+4}{N}O_2 \uparrow + \overset{+4}{C}O_2 \uparrow + H_2O
$$

$(+4) \times 1$

$(-1) \times 4$

（1）标变数

氧化数发生变化的元素是 C 和 N，首先标出 C 和 N 反应前的氧化数分别是 0 和 +5，反应后 C 和 N 的氧化数分别是 +4 和 +4。

（2）列升降

列出升降变化的总值，C 由 0 被氧化至 +4，变化了 +4，升高总值为 +4，N 由 +5 被还原至 +4，变化了 -1，故降低总值为 -1。

（3）求总数

降低总值为 -1，升高总值为 +4，取最小公倍数 4，所以氧化数发生变化的 HNO_3 和 NO_2 前系数为 4，C 和 CO_2 前系数为 1。

（4）配系数

根据已经确定的系数并依据反应前后同种元素原子总数必须相等的原则确定其他化学式系数，根据氢元素守恒，可知 H_2O 前系数为 2。

（5）查守恒

再次检查两边原子数是否守恒。

得到化学反应方程式 $C + 4HNO_3 \Longrightarrow 4NO_2\uparrow + CO_2\uparrow + 2H_2O$

例 5 - 4 用氧化数法配平高锰酸钾和硫酸亚铁在硫酸酸性溶液中的反应。

$$KMnO_4 + FeSO_4 + H_2SO_4 \longrightarrow MnSO_4 + Fe_2(SO_4)_3 + K_2SO_4 + H_2O$$

解：

$$\overset{+7}{K}MnO_4 + \overset{+2}{Fe}SO_4 + H_2SO_4 \longrightarrow \overset{+2}{Mn}SO_4 + \overset{+3}{Fe}_2(SO_4)_3 + K_2SO_4 + H_2O$$

（上：$(-5) \times 1 \times 2$；下：$(+1) \times 2 \times 5$）

（1）标变数

氧化数发生变化的元素是 Mn 和 Fe，首先标出 Mn 和 Fe 反应前的氧化数分别是 +7 和 +2，反应后 Mn 和 Fe 的氧化数分别是 +2 和 +3。

（2）列升降

列出升降变化的总值，Mn 由 +7 被还原至 +2，变化了 -5，降低总值也为 -5，Fe 由 +2 被氧化至 +3，变化了 +1，但因为 $Fe_2(SO_4)_3$ 的分子中有两个 Fe，故升高总值为 +2。

（3）求总数

降低总值为 -5，升高总值为 +2，取最小公倍数 10，所以氧化数发生变化的 $MnSO_4$ 和 $KMnO_4$ 前系数均为 2，$Fe_2(SO_4)_3$ 前系数为 5，$FeSO_4$ 前系数为 10。

（4）配系数

根据已经确定的系数并依据反应前后同种元素原子总数必须相等的原则确定其他化学式系数，优先确定出现次数较少的元素，根据钾元素守恒，可知 K_2SO_4 前系数为 1（可省略不标），根据硫元素守恒可知 H_2SO_4 前系数为 8，最后由氢元素守恒可知 H_2O 前系数为 8。

（5）查守恒

再次检查两边原子数是否守恒。得出化学反应方程式

$$2KMnO_4 + 10FeSO_4 + 8H_2SO_4 \Longrightarrow 2MnSO_4 + 5Fe_2(SO_4)_3 + K_2SO_4 + 8H_2O$$

课堂练习 5 - 3

配平下列化学反应方程式。

$$NO_2 + H_2O \longrightarrow HNO_3 + NO\uparrow$$

$$Na_2O_2 + CO_2 \longrightarrow Na_2CO_3 + O_2\uparrow$$

$$Cu + HNO_3(稀) \longrightarrow Cu(NO_3)_2 + NO\uparrow + H_2O$$

【知识链接】 ···

医药中几种常见的氧化剂和还原剂

1. 过氧化氢

纯净过氧化氢为淡蓝色黏稠液体，可与水以任意比例混合，其水溶液俗称双氧水，为无

色透明液体。医药上常用体积分数3%的过氧化氢水溶液作为外用消毒剂，清洗创口。市售的过氧化氢体积分数达90%以上，高浓度的过氧化氢溶液有较强的氧化性，对皮肤有很强的刺激作用，使用时应稀释。储存时会分解为水和氧，见光、受热或有杂质进入会加快分解速率。在不同的情况下可有氧化作用或还原作用。可用作氧化剂、漂白剂、消毒剂、脱氯剂等。

2. 次氯酸

"84"消毒液是一种以次氯酸钠为主要成分的含氯消毒剂，主要用于物体表面和环境等的消毒。次氯酸钠具有强氧化性，可水解生成具有强氧化性的次氯酸，能够将具有还原性的物质氧化，使微生物最终丧失机能，无法繁殖或感染。现被广泛用于宾馆、旅游、医院、食品加工行业、家庭等的卫生消毒。"84"消毒液也有一定的健康危害，经常用手接触本品的工人，手掌大量出汗，指甲变薄，毛发脱落，有致敏作用，次氯酸钠溶液放出的游离氯也有可能引起中毒。

3. 硫代硫酸钠

硫代硫酸钠，又名次亚硫酸钠、大苏打、海波，是常见的硫代硫酸盐，化学式为$Na_2S_2O_3$，是硫酸钠中一个氧原子被硫原子取代的产物，因此两个硫原子的氧化数分别为 -2 和 $+6$。硫代硫酸钠可作为氰化物的解毒剂。此外还能与多种金属离子结合，形成无毒的硫化物由尿排出，同时还具有脱敏作用。临床上用于氰化物及腈类中毒，砷、铋、碘、汞、铅等中毒治疗，以及治疗皮肤瘙痒症、慢性皮炎、慢性荨麻疹等。

4. 维生素C

维生素C是一种多羟基化合物，化学式为$C_6H_8O_6$，广泛存在于新鲜蔬菜水果中，具有酸的性质，又称 L - 抗坏血酸。维生素C具有很强的还原性，很容易被氧化成脱氢维生素C。在人体内，促进钙和叶酸的利用，能使难以吸收的三价铁还原为易于吸收的二价铁，从而促进了铁的吸收，提高人体的免疫力，减少感冒等疾病的出现。维生素C是高效抗氧化剂，抗自由基，抑制酪氨酸酶的形成，从而达到美白、淡斑的功效。

维生素C还是一种合乎要求的食品添加剂——抗氧化剂，在啤酒中用作抗氧化剂，果酒生产中也可以把维生素C作为抗氧化剂使用。

§5-2 原电池

 学习目标

1. 掌握原电池的组成、工作原理和原电池正负极的电极反应方程式的书写。
2. 熟悉原电池的表示方法。

3. 了解金属的电化学腐蚀和防腐。

一、原电池的组成和工作原理

【任务引入】

经过学习初中化学的内容，我们已经知道，将锌片、铜片置于稀硫酸中并以导线连接起来组成原电池，可以获得电流。然而，这种原电池并没有将氧化反应和还原反应完全隔开，如锌与其接触的稀硫酸发生反应，电流会逐渐衰减。

现在我们进行如图 5-1 所示的实验，将锌片插入硫酸锌溶液中，将铜片插入硫酸铜溶液中，两种溶液用一个装满饱和氯化钾溶液和琼脂的倒置 U 形管（称为盐桥）连接起来，再用导线连接锌片和铜片，并在导线上加装一个检流计（电流表）。

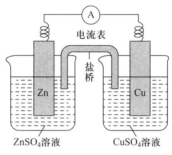

图 5-1 铜锌原电池

此时我们可以观察到检流计指针偏转，这说明反应中确有电子的转移，而且电子是沿着一定方向有规则运动的；从指针偏转的方向判断，电子从锌片移向铜片；从上述装置中取出盐桥，检流计指针又回到零点。

问题 1. 盐桥的作用是什么，拿掉盐桥之后会发生什么现象？

2. 试根据电流方向判断电池的正极和负极。

这种通过氧化还原反应而产生电流的装置称为原电池，本实验中的铜锌原电池又称丹尼尔电池，是将化学能转变成电能的装置。原电池输出电能的能力，取决于组成原电池的反应物的氧化还原能力。日常生活中使用的干电池，就是根据原电池原理制成的。

在铜锌原电池中，电子由锌片向铜片定向转移，锌片上的锌原子失去电子变成锌离子，进入溶液中，因此锌片上有了过剩电子。依据电子的流动方向，将流出电子的锌片称为电池的负极，在负极锌片上发生氧化反应：

$$负极：Zn - 2e^- === Zn^{2+} \quad 氧化反应$$

同时硫酸铜溶液中的铜离子得到电子变成铜原子，沉积在铜片上。依据电子的流动方向，得到电子的铜片称为电池的正极，在正极铜片上发生了还原反应：

$$正极：Cu^{2+} + 2e^- === Cu \quad 还原反应$$

如果把发生在两个电极上的反应称为半反应，两个半反应相加得到的反应就是电池反应：

$$Zn + Cu^{2+} === Zn^{2+} + Cu$$

由此可见，电池反应就是氧化还原反应。

此外，当 Zn 原子失去电子变成 Zn^{2+} 离子进入溶液时，溶液中的 Zn^{2+} 离子增多而带正电，同时，Cu^{2+} 离子在铜片上获得电子变成 Cu 原子，$CuSO_4$ 溶液中的 Cu^{2+} 离子浓度减少而带负电，这种情况会阻碍电子由锌片向铜片流动。盐桥可以消除这种影响，盐桥中的负离子如 Cl^- 离子向 $ZnSO_4$ 溶液中扩散，正离子如 K^+ 离子向 $CuSO_4$ 溶液中扩散，以保持溶液的电中性，使氧化还原反应继续进行到 Cu^{2+} 离子几乎全部被还原为止。

我们还可以根据组成两极的材料来判断原电池的正负极，一般来说，较活泼的金属容易失去电子，故常作原电池负极；较不活泼的金属容易得到电子则为正极。金属的活泼顺序表见表 5 - 4。

表 5 - 4　　　　　　　　　　　　　金属活泼顺序表

K、Ca、Na、Mg、Al、Zn、Fe、Sn、Pb、(H)、Cu、Hg、Ag、Pt、Au

金属活泼性由强逐渐减弱

以氢为标准，从左到右金属活泼性由强减弱，还原性和失电子能力也由强变弱，排在前面的金属可以将排在后面的金属从它们的盐溶液中置换出来，而且排在氢元素前的金属才能和盐酸、稀硫酸反应，置换出氢气，钾、钙、钠等元素活泼性较强，甚至可与水直接反应置换出氢气。

二、原电池的表示方法

原电池常用符号表示，如铜锌原电池可表示为：

$$(-)Zn \mid Zn^{2+}(c_1) \parallel Cu^{2+}(c_2) \mid Cu(+)$$

习惯上把负极写在左边，正极写在右边，"$\parallel$"表示盐桥，"$\mid$"表示两相之间的接界，在这里表示电极和溶液接触界面，c 表示浓度（一般用物质的量浓度表示）。

发生在每个电极上的反应称为电极反应（半电池反应），每个电极反应都包含两类物质，一类是氧化数较高的物质，称为氧化态或氧化型；另一类是氧化数较低的物质，称为还原态或还原型。氧化型及其所对应的还原型物质可以构成氧化还原电对，铜锌原电池的氧化还原电对用符号可以表示为 Cu^{2+}/Cu 及 Zn^{2+}/Zn。

例 5 - 5　写出原电池 $(-)Pt \mid Sn^{2+}, Sn^{4+} \parallel Fe^{3+}, Fe^{2+} \mid Pt(+)$ 的半反应和电池反应。

解： 因为负极发生氧化反应，正极发生还原反应，所以

负极：　　　　$Sn^{2+} - 2e^- === Sn^{4+}$

正极：　　　　$2Fe^{3+} + 2e^- === 2Fe^{2+}$

电池反应：$2Fe^{3+} + Sn^{2+} === Sn^{4+} + 2Fe^{2+}$

课堂练习 5 - 4

1. 写出原电池（ - ）Zn ｜ Zn^{2+} ‖ Fe^{2+} ｜ Fe（ + ）的半反应和电池反应。
2. 用原电池符号表示反应 $2Fe^{2+} + Sn^{4+} =\!=\!= Sn^{2+} + 2Fe^{3+}$。

三、金属的电化学腐蚀和防腐

电化学腐蚀是指金属在电解质溶液中发生的腐蚀。发生电化学腐蚀的基本条件是有能导电的溶液。能导电的溶液几乎包含所有的水溶液，包括淡水、雨水、海水、酸碱盐的水溶液，甚至从空气中凝结的水蒸气加上设备表面的杂质也可以成为构成腐蚀环境的电解质溶液。

以氧化还原反应为基础的各种化学电池是人们重要的电力来源，但由这种反应引发的化学腐蚀过程也在给人类添乱。人们在生产中使用的机械设备，包括在制药工业中广泛应用的各类容器及大量的管道，大都是金属及其合金制造的。例如，钢铁制品在潮湿空气中会形成薄层水膜，空气中的 CO_2、SO_2、H_2S 等物质溶解在其中形成电解质溶液，并与钢铁制品中的铁和少量单质碳构成原电池。金属被腐蚀后，在外形、色泽及机械性能等方面就会发生变化，从而使机器设备、仪器、仪表的精度和灵敏度降低，直至报废。金属腐蚀还会使桥梁、建筑物的金属构架强度降低而造成坍塌，会使地下金属管道发生泄漏、轮船船体损坏等。

1. 金属电化学腐蚀的分类

（1）析氢腐蚀

在酸性环境中，由于在腐蚀过程中不断有 H_2 放出，所以称为析氢腐蚀，如图 5 - 2 所示，有关反应式如下：

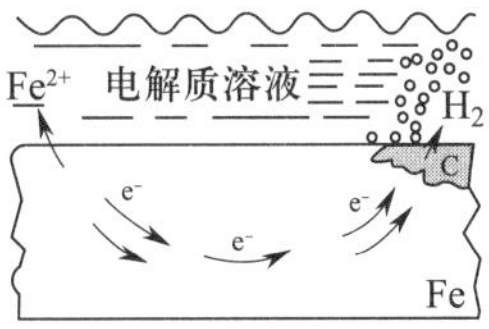

负极：$Fe - 2e^- =\!=\!= Fe^{2+}$

正极：$2H^+ + 2e^- =\!=\!= H_2 \uparrow$

总反应：$Fe + 2H^+ =\!=\!= Fe^{2+} + H_2 \uparrow$

（2）吸氧腐蚀

如果在钢铁表面吸附的水膜酸性很弱或呈中性，但溶液有一定量的氧气，此时就会发生吸氧腐蚀，如图 5 - 3 所示，有关反应式如下：

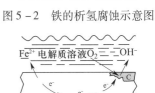

图 5 - 2 铁的析氢腐蚀示意图

图 5 - 3 铁的吸氧腐蚀示意图

负极：$Fe - 2e^- =\!=\!= Fe^{2+}$

正极：$2H_2O + O_2 + 4e^- =\!=\!= 4OH^-$

总反应：$2Fe + O_2 + 2H_2O =\!=\!= 2Fe(OH)_2$

在空气中，$Fe(OH)_2$ 进一步被氧化为 $Fe(OH)_3$，而 $Fe(OH)_3$ 失去部分水就生成 $Fe_2O_3 \cdot xH_2O$，它是铁锈的主要成分。铁锈疏松地覆盖在钢铁制品表面，不能阻止钢铁继续发生腐蚀。

在金属的腐蚀过程中，电化学腐蚀和化学腐蚀往往同时发生，但绝大多数属于电化学腐蚀，且电化学腐蚀速率远大于化学腐蚀速率。

2. 金属的防护与防腐

金属的防护与防腐主要是从金属、与金属接触的物质及两者反应的条件等方面来考虑的。

（1）改变金属材料的组成

在金属中添加某些特殊的金属或非金属元素使其变成有优异性能的合金。例如，把铬、镍等加入普通钢材中制成不锈钢产品。钛合金材料不仅具有良好的抗腐蚀性，还具有生物相容性，可用于人体骨骼制品。

（2）在金属表面覆盖保护层

在金属表面覆盖致密的保护层，将金属制品与周围物质隔开是一种普遍采用的防护方法。例如，在钢铁制品的表面喷涂油漆、矿物性油脂或覆盖搪瓷、塑料等；用电镀等方法在钢铁表面镀上一层锌、锡、铬、镍等金属；利用阳极氧化处理铝制品的表面，使之形成致密的氧化膜而钝化等。

（3）电化学保护法

我们也可以利用原电池原理来保护金属，使它们不被腐蚀。金属在发生电化学腐蚀时，总是作为原电池负极（阳极）的金属被腐蚀，作为正极（阴极）的金属不被腐蚀。如果能使被保护的金属成为阴极，则该金属就不易被腐蚀。要达到这个目的，通常可采用以下两种阴极保护法。

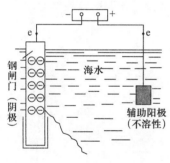

图 5 - 4　外加电流法示意图

1）外加电流法。外加电流法是把被保护的钢铁设备（如钢闸门）作为阴极，用惰性电极作为辅助阳极，两者均放在电解质溶液（如海水）里，外接直流电源（如图 5 - 4 所示）。通电后，调整外加电压使电子强制流向被保护的钢铁设备，使钢铁表面腐蚀电流降至零或接近于零。在这个系统中，钢铁设备被迫成为阴极而受到保护。这类阴极保护技术应用已经比较成熟，在我国已经使用阴极保护的装置有邮电系统电缆装置、埋于土壤中的地下管线、埋于地下的储槽、输油管线、天然气输送管道、桥桩、闸门、平台等。

2）牺牲阳极法。牺牲阳极法通常是在被保护的钢铁设备上（如锅炉的内壁、船舶的外壳等）安装若干镁合金或锌块。镁、锌比铁活泼，它们就成为原电池的负极，不断遭受腐蚀（需要定期检查、更换），而作为正极的钢铁设备就被保护起来。

【知识链接】

生活中常见的电池

生活中常见的碱性锌锰干电池（如图 5 - 5 所示），使用 KOH 和 MnO_2 的糊状物作为电解液，使用碳棒作为电池正极，Zn 作为电池负极，它的表示方式为

$$（-）Zn \mid KOH \mid MnO_2 （+）$$

负极反应：$Zn + 2OH^- - 2e^- === Zn(OH)_2$（氧化反应）

正极反应：$2MnO_2 + 2H_2O + 2e^- === 2MnO(OH) + 2OH^-$（还原反应）

电池反应：$Zn + 2MnO_2 + 2H_2O == Zn(OH)_2 + 2MnO(OH)$

图 5-5　碱性锌锰干电池示意图

又如汽车的蓄电池一般使用铅酸蓄电池，该电池可循环充放电持续使用，它的正极活性物质是 PbO_2，负极物质是海绵状金属铅，电解液是硫酸，表示方式为

$$(-)\ Pb \mid H_2SO_4 \mid PbO_2\ (+)$$

负极反应：$Pb + SO_4^{2-} - 2e^- == PbSO_4$

正极反应：$PbO_2 + 4H^+ + SO_4^{2-} + 2e^- == PbSO_4 + 2H_2O$

电池反应：$Pb + PbO_2 + 2H_2SO_4 == 2PbSO_4 + 2H_2O$

知识回顾

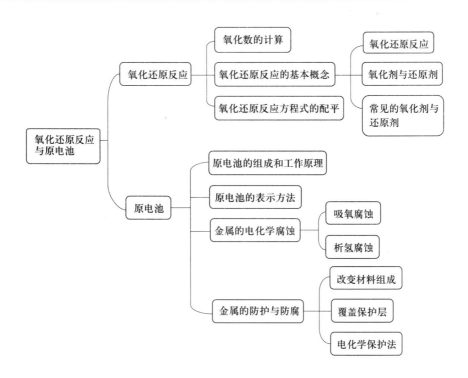

目标检测

一、单项选择题

1. 下列反应一定属于氧化还原反应的是（　　）。

A. 置换反应　　　　B. 分解反应　　　　C. 化合反应　　　　D. 复分解反应

2. 某元素在化学反应中由化合态变为游离态，则该元素（　　）。

A. 一定被氧化　　　　　　　　　B. 可能被氧化，也可能被还原

C. 一定被还原　　　　　　　　　D. 以上都不是

3. 下列关于氧化还原反应的说法正确的是（　　）。

A. 肯定一种元素被氧化，另一种元素被还原

B. 在反应中不一定所有元素的氧化数都发生变化

C. 某元素从化合态变成游离态，该元素一定被还原

D. 在氧化还原反应中非金属的氧化数都发生变化

4. 下列变化过程属于还原反应的是（　　）。

A. $HCl \rightarrow MgCl_2$　　　　B. $Na \rightarrow Na^+$　　　　C. $CO \rightarrow CO_2$　　　　D. $Fe^{3+} \rightarrow Fe$

5. 下列物质不能做还原剂的是（　　）。

A. H_2S　　　　　　B. Fe^{2+}　　　　　　C. Fe^{3+}　　　　　　D. SO_2

6. 实现下列变化需要加入氧化剂的是（　　）。

A. $CuO \rightarrow CuSO_4$　　　　　　　　B. $CO_2 \rightarrow CO$

C. $KClO_3 \rightarrow O_2$　　　　　　　　　D. $Fe_3O_4 \rightarrow Fe$

7. 在反应 $2\,KMnO_4 \xlongequal{\quad} K_2MnO_4 + MnO_2 + O_2 \uparrow$ 中还原产物是（　　）。

A. $KMnO_4$、K_2MnO_4　　　　　　B. K_2MnO_4、MnO_2

C. 只有 O_2　　　　　　　　　　　D. 只有 MnO_2

8. 下列变化中，属于原电池反应且表述正确的是（　　）。

A. 在空气中金属铝表面迅速氧化形成保护层

B. 镀锌铁表面有划损时，也能阻止铁被氧化

C. 红热的铁丝与水接触表面形成蓝黑色保护层

D. 以上都不是

9. 下列关于原电池的叙述中错误的是（　　）。

A. 用导线连接的两种不同的金属同时插入液体中能形成原电池

B. 原电池是将化学能转化为电能的装置

C. 电子流出的一极是负极，发生氧化反应

D. 电子流入的一极是正极，发生还原反应

二、填空题

1. 配平下列氧化还原反应方程式，回答有关问题。

（1）$Cl_2 + KOH \longrightarrow KCl + KClO_3 + H_2O$

氧化剂是_____，还原剂是_____。

（2）$KClO_3 + HCl \longrightarrow Cl_2 + H_2O + KCl$

HCl 的作用是_____，被还原的元素是_____。

2. 在反应 $Fe_2O_3 + Al \xrightarrow{\text{高温}} Al_2O_3 + Fe$ 中，_____元素的氧化数升高，该元素的原子_____电子，被_____；_____元素的氧化数降低，该元素的原子_____电子，被_____；该反应中氧化剂是_____，氧化产物是_____。

三、配平下列化学反应方程式

1. $MnO_2 + HCl（浓）\longrightarrow MnCl_2 + Cl_2\uparrow + H_2O$

2. $C + H_2SO_4 \longrightarrow CO_2\uparrow + SO_2\uparrow + H_2O$

3. $Cu + HNO_3（浓）\longrightarrow Cu(NO_3)_2 + NO_2\uparrow + H_2O$

4. $H_2S + KMnO_4 + H_2SO_4 \longrightarrow S + K_2SO_4 + MnSO_4 + H_2O$

四、简答题

根据下式所示的氧化还原反应设计一个原电池：

$$Cu + 2Ag^+ =\!=\!= Cu^{2+} + 2Ag$$

1. 装置可采用烧杯和盐桥，画出此原电池的装置简图。
2. 注明原电池的正极和负极。
3. 注明外电路中电子的流向。
4. 写出两个电极上的电极反应。
5. 用原电池符号表示该反应。

第六章

物质结构和元素周期律

原子是化学元素存在的最小单元，百余种化学元素的原子以及由它们组成的分子构成了自然界中的所有物质。自然界的物质种类繁多，性质千差万别，不同物质在性质上产生差异的根本原因是物质内部结构的不同。因此，研究物质的结构、元素的性质变化有非常重要的意义。

§6-1　原子结构

学习目标

1. 掌握原子的组成、原子核外电子排布。
2. 熟悉原子结构示意图。
3. 了解同位素的概念。

【任务引入】

1897 年，英国物理学家汤姆逊利用阴极射线证明了电子的存在，电子是原子的一部分，带有负电。1911 年，英国物理学家卢瑟福的 α 粒子散射实验证明了原子核的存在，原子核是原子的一部分，带有正电。因此提出了行星式的原子模型：原子是由原子核和核外电子组成的，原子核带的正电荷数与核外电子带的负电荷数相等，原子的质量几乎集中在原子核上。继原子核发现之后，科学家对原子又进行了深入研究。

问题　1. 原子核是由什么微粒组成的？

　　　2. 核电荷数、质子数和核外电子数有何关系？

一、原子

1. 原子的组成

原子是由带正电的原子核和带负电的核外电子组成的，而原子核又是由带正电的质子和不带电的中子（氢原子除外，氢原子没有中子）组成的，如图 6-1 所示。原子核的正电荷数与核外电子的负电荷数相等，因而整个原子不带电。

对一个原子而言：

$$核内质子数 = 核电荷数 = 核外电子数$$

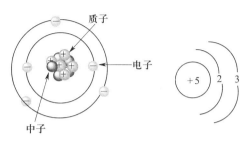

图 6 - 1 硼原子结构示意图

2. 质量数

电子的质量为 9.109 1×10^{-31} kg，质子和中子的质量分别为电子的 1 836 倍和 1 839 倍。所以，原子的质量近似等于原子核的质量。质子、中子的质量很小，通常用它们的相对质量进行计算，以 ^{12}C 原子质量的 1/12 为标准，质子和中子的相对质量分别为 1.007 和 1.008，取近似整数值为 1，则原子的近似原子量就等于质子数和中子数之和，称为质量数，用符号 A 表示。即：

$$原子的质量数(A) = 质子数(Z) + 中子数(N)$$

课堂练习 6 - 1

1. 氧原子的核电荷数为 8，质量数为 16，则氧原子的中子数是多少？

2. 氮原子的原子序数为 7，质量数是 14，它的质子数、核电荷数、中子数和电子数各是多少？

二、同位素

质子数相同而中子数不同的同一元素的不同原子互称为同位素。例如，碳元素的 ^{12}C、^{13}C 和 ^{14}C 3 种原子互为同位素，它们的原子核里都含有 6 个质子，同为碳元素，但所含的中子数不同。又如自然界中氢以 ^{1}H（氕，H）、^{2}H（氘，D）和 ^{3}H（氚，T）3 种同位素的形式存在。

在元素周期表中，绝大多数的元素都有同位素。同一元素的各种同位素虽然中子数不同，但它们的核外电子数相同，因此化学性质也相同。同位素分为稳定性同位素和放射性同位素，放射性同位素已经广泛应用于医学领域的诊断和治疗当中。例如，用探测器测量放射性同位素 ^{131}I 放射出的射线强弱，可以帮助诊断甲状腺的病变。

三、原子核外电子的排布

1. 电子层

在多电子原子中，电子能量并不相同。电子所在的原子轨道离核越近，原子核对电子的吸引力越大，电子的能量越低；反之，电子所在的原子轨道离核越远，原子核对电子的吸引力越小，电子的能量越高。这种原子中电子所处的不同能量状态称为原子轨道的能级。科学家根据原子轨道能级的相对高低，将相近的能级划为一层，称为电子层，电子层序数用符号 n 表示。因此原子轨道能级就划分为若干个电子层。电子层按能量从低到高（离核由近到远），依次称为第一电子层（$n=1$）、第二电子层（$n=2$）等。n 的取值为 1、2、3，…，为正整数，根据目前已发现的元素，n 只取到 7，对应的电子层符号为 K、L、M、N、O、P 和 Q，即第一电子层称为 K 层，第二电子层称为 L 层……第七电子层称为 Q 层。这样，电子就可以认为是在能量不同的电子层上运动的。

电子层描述了原子中电子出现概率最大区域离核的远近，也是决定电子能量高低的主要因素。

2. 核外电子分层排布规律

核外电子的分层运动，又称为核外电子的分层排布。处于稳定状态的原子，核外电子将尽可能地按能量最低原理排布，另外，电子不可能都挤在一起，因此电子进行分层排布的一般规律如下。

（1）核外电子总是尽量先排布在能量较低的电子层上，然后依次排布在能量较高的电子层上。

（2）每层最多排布 $2n^2$ 个电子，即第一电子层最多排布 2 个电子，第二电子层最多排布 8 个电子，第三电子层最多排布 18 个电子，等等。

（3）最外层最多排布 8 个电子（当第一层为最外层时最多为 2 个电子）。

用原子结构示意图可以简明、方便地表示核外电子的分层排布，如图 6－2 所示。

电子层
原子核
+6
2
4
电子层上的电子数
核电荷数

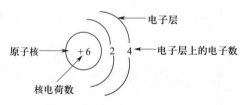

图 6－2　碳原子的结构示意图

原子序数为 1～18 元素的原子结构如图 6－3 所示。

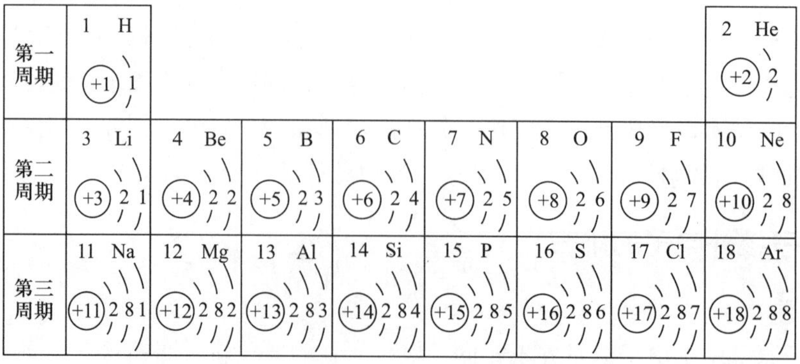

第一周期
1 H
+1 1
2 He
+2 2
第二周期
3 Li
+3 2 1
4 Be
+4 2 2
5 B
+5 2 3
6 C
+6 2 4
7 N
+7 2 5
8 O
+8 2 6
9 F
+9 2 7
10 Ne
+10 2 8
第三周期
11 Na
+11 2 8 1
12 Mg
+12 2 8 2
13 Al
+13 2 8 3
14 Si
+14 2 8 4
15 P
+15 2 8 5
16 S
+16 2 8 6
17 Cl
+17 2 8 7
18 Ar
+18 2 8 8

图 6－3　原子序数为 1～18 元素的原子结构示意图

氖、氩等稀有气体不易与其他物质发生反应，化学性质比较稳定，它们的原子最外层都有 8 个电子（氦为 2 个电子），这样的结构是一种相对稳定的结构。钠、镁、铝等金属的最外层电子一般都少于 4 个，在化学反应中容易失去电子；氯、氧、硫、磷等非金属的原子最外层电子一般都多于 4 个，在化学反应中，易得到电子，都趋于达到相对稳定的稀有气体外层结构。

当钠与氯气反应时，钠原子因失去 1 个电子而带上 1 个单位的正电荷，氯原子因得到 1 个电子而带上 1 个单位的负电荷，这种带电的原子或原子团（OH^- 或 NH_4^+）称为离子。带正电荷的原子或原子团称为阳离子，如钠离子（Na^+）；带负电荷的原子或原子团称为阴离子，如氯离子（Cl^-）、硫酸根离子（SO_4^{2-}）。离子也是构成物质的一种微粒。

课堂练习 6 – 2

1. 下列 4 种微粒的结构示意图中，属于稀有气体元素的原子是（　　　）。

$(+9)$ 2 7　　　　$(+17)$ 2 8 7　　　　$(+17)$ 2 8 8　　　　$(+18)$ 2 8 8

　　A.　　　　　　　B.　　　　　　　C.　　　　　　　D.

2. 核电荷数少于核外电子数的微粒一定是（　　　）。

A. 分子　　　　　　B. 原子　　　　　　C. 阳离子　　　　　　D. 阴离子

§6 – 2　元素周期律和元素周期表

 学习目标

1. 掌握元素周期表的结构。

2. 熟悉元素周期表中原子半径、化合价、金属性和非金属性、电负性等性质的递变规律。

3. 了解元素周期律的概念。

（1）原子核外电子排布的周期性。

（2）元素主要性质（原子半径、金属性和非金属性、主要化合价、电负性）的周期性。

【任务引入】

碳的存在形式是多种多样的，有晶态单质碳，如金刚石、石墨；有无定型碳，如煤；有复杂的有机化合物，如动植物等；有碳酸盐，如大理石等。单质碳的物理和化学性质取决于它的晶体结构。高硬度的金刚石和柔软滑腻的石墨晶体结构不同，各有各的外观、密度、熔点等。

硅又称为工业硅或纯硅，表面呈淡灰略带蓝色，有小孔洞，密度为 $2.42 \ \text{g/cm}^3$。工业硅的主要用途是配制合金，制取多晶硅及有机硅等。结晶型的硅是暗黑蓝色的，很脆，是典型的半导体。硅的化学性质非常稳定。硅在冶金中是常用的脱氧元素，对氧具有较强的亲合力。硅又是重要的合金元素，强化铁素体和改善钢的电磁特性。

    问题 1. 在元素周期表中，碳和硅处于什么位置？两者有何关系？

                2. 什么是元素周期律？如何利用元素周期律比较不同元素之间性质的差异性？

一、元素周期律

为了研究方便，我们将原子序数为 3～18 的元素的最外层电子数、化合价、原子半径、电负性、金属与非金属性等性质列于表 6 - 1。由表 6 - 1 可知，原子序数从 3（锂）至 10（氖）有 2 个电子层，最外层电子数从 1 个递增到 8 个，达到稳定结构；原子序数从 11（钠）至 18（氩）有 3 个电子层，最外层电子数从 1 个递增到 8 个，达到稳定结构；随着原子序数的递增，元素原子的最外层电子分布呈周期性变化。原子序数从 3 号到 9 号、11 号到 17 号元素的化合价，最高正化合价逐渐递增，由 +1 → +7（氟除外），负价从中部（碳、硅）起，从 -4 → -1；10 号和 18 号元素原子的电子层结构为稳定结构，化合价为 0；元素的化合价随着原子序数的递增呈周期性变化。原子序数从 3 号到 9 号、11 号到 17 号元素都是由活泼金属元素逐渐递变为非金属元素，元素金属性和非金属性随着原子序数的递增，呈现周期性变化。

表 6 - 1   3～18 号元素的某些性质随原子序数的变化情况

原子序数	元素符号	最外层电子数	化合价	原子半径/pm	电负性	金属与非金属性
3	Li	1	1	152	0.98	活泼金属
4	Be	2	2	111	1.57	两性元素
5	B	3	3	88	2.04	不活泼非金属
6	C	4	4	77	2.55	非金属
7	N	5	+5、-3	75	3.04	活泼非金属
8	O	6	-2	73	3.44	很活泼非金属
9	F	7	-1	72	3.9	最活泼非金属
10	Ne	8	—	69	—	惰性元素
11	Na	1	1	186	0.93	活泼金属
12	Mg	2	2	160	1.31	活泼金属
13	Al	3	3	126	1.61	两性元素
14	Si	4	4	118	1.9	不活泼非金属
15	P	5	+5、-3	108	2.19	非金属
16	S	6	+6、-2	106	2.58	活泼非金属
17	Cl	7	+7、-1	99	3.14	很活泼非金属
18	Ar	8	—	95		惰性元素

元素的性质随着元素原子序数的递增而呈周期性变化的规律，称为元素周期律。元素呈周期性变化的性质包括原子核外电子排布、原子半径、化合价、电负性、金属性与非金属性等。

元素的化学性质主要取决于原子的最外层电子构型，而最外层电子构型又取决于核电荷数和核外电子排布的规律。因此，元素周期律是原子内部结构周期性变化的反映，元素性质的周期性源于原子电子构型的周期性。

元素周期律指导了对元素和化合物性质的系统研究，总结了各种元素的性质，成为元素分类的基础。元素周期律是唯物辩证法从量变到质变规律的一个有力例证，揭示了自然界物质的内在联系，反映物质世界的统一性和规律性。

二、元素周期表

根据元素周期律，把目前已知的元素中电子层数相同的各种元素，按原子序数递增的顺序从左到右，将电子层数相同的元素排成横行；再将不同横行中最外电子层的电子数相同的元素按电子层数递增的顺序由上而下排成纵列，便绘制成了元素周期表。元素周期表是元素周期律的具体表现形式，它反映了元素之间相互关系的规律。

1. 周期

现代元素周期表有 7 个横行，每个横行称为一个周期，分别为第 1 至第 7 周期。各周期元素分布见表 6 – 2。其中：

$$周期序数 = 该周期元素原子的电子层数（_{46}Pd 除外）= 能级组数$$
$$各周期元素的数目 = 相应能级组中原子轨道所能容纳的电子总数$$

表 6 – 2　　　　　　　　　　　周期表中元素分布

周期	周期名称	起止元素	所含元素数目
1	特短周期	$_1H \sim _2He$	2
2	短周期	$_3Li \sim _{10}Ne$	8
3	短周期	$_{11}Na \sim _{18}Ar$	8
4	长周期	$_{19}K \sim _{36}Kr$	18
5	长周期	$_{37}Rb \sim _{54}Xe$	18
6	特长周期	$_{55}Cs \sim _{86}Rn$	32
7	未完周期	$_{87}Fr \sim 118$ 号元素	32

2. 族

原子的价层电子组态相似的元素排列在同一列，称为族。元素周期表中共有 18 纵列，其中第 8 ~ 10 列（Fe、Co、Ni 等元素）合起来为一族，其余每一列为一族，共 16 个族。根据价层电子组态可分为主族和副族。

（1）主族

周期表有 ⅠA ~ ⅧA 共 8 个主族。主族元素原子核外电子层次外层和内层都排满了电子，最外层电子是价电子，因此主族元素的最高氧化数取决于最外层电子数，与族序数相同。

主族元素的族序数 = 元素原子最外层电子数 = 主族元素的最高氧化数

（2）副族

周期表有 IB ~ VIIIB 共 8 个副族。有些副族元素的次外层轨道可能未填满电子。副族元素族序数与价层电子的关系如下。

1) IIIB ~ VIIB：族序数等于价电子总数。

2) IB 和 IIB：族序数等于最外层电子数。

3）镧系和锕系元素均属于 IIIB 族。

4) VIIIB 族：有 3 个纵行，价电子总数是 8 ~ 10。

（3）区

根据元素原子的外层电子构型，可将元素周期表分为 s 区、p 区、d 区、ds 区和 f 区。图 6 - 4 列出了周期表中各元素的区的分布情况。

1）s 区元素：包括 IA 和 IIA 族元素，s 区元素的原子容易失去最外层电子，是活泼的金属元素。

2）p 区元素：包括 IIIA ~ VIIA、0 族元素（第 VIIIA 族元素），p 区元素大部分是非金属元素，多数元素有多种化合价。

3）d 区元素：包括 IIIB ~ VIIIB 族元素，有多种化合价，易形成配合物。

4）ds 区元素：包括 IB、IIB 族元素，该区元素有多种化合价。

5）f 区元素：包括镧系和锕系元素，该区元素都是金属元素，有多种化合价。

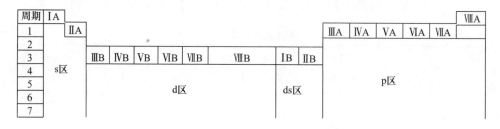

图 6 - 4　元素周期表中的族、区分布情况示意图

课堂练习 6 - 3

1. 已知某元素位于第三周期 VIA 族，该元素的原子序数是多少？

2. 已知某元素的原子序数为 15，试指出它属于哪一周期？哪一族？什么区？是什么元素？

【知识链接】

元素周期表的发现

1869 年，俄国科学家门捷列夫在继承和分析了前人工作的基础上，对元素的性质与相对原子质量的相互关系进行分析和概括，他总结出一条规律：元素（以及由它所形成的单质和化合物）的性质随着相对原子质量的递增而呈周期性的变化。这就是最初的元素周期律。他还根据元素周期律编制了第一张元素周期表，把当时已经发现的 63 种元素全部列在表里。他预言了与硼、铝、硅相似的未知元素（后来发现的钪、镓、锗）的性质，并为这些元素在表中留了空位。他在周期表中也没有机械地按照相对原子质量数值由小到大的顺序排列，并指出了当时测定的某些元素的相对原子质量数值可能有错误。若干年后，他的预言和推测都得到了证实。人们为了纪念他的功绩，把元素周期律和元素周期表称为门捷列夫元素周期律和门捷列夫元素周期表。但由于时代的局限性，门捷列夫揭示的元素内在联系的规律还是初步的，他未能认识到形成元素周期性变化的根本原因。

三、元素周期表中元素性质递变规律

元素性质取决于原子的内部结构，元素性质的周期性变化是元素原子核外电子排布呈周期性变化的反映，如原子半径、化合价、电负性、金属性与非金属性等性质的变化规律。

1. 原子半径

原子半径是指原子在分子或晶体中呈现的大小。原子半径的大小与它所形成的化学键类型（离子键、共价键、金属键）、邻近原子的大小和数目等因素有关。常用的原子半径有三种，即共价半径、范德华半径和金属半径。共价半径是指两个相同原子以共价单键结合时核间距的一半；金属半径是指金属单质的晶体中，两个相邻金属原子核间距的一半；范德华半径是指分子晶体中，相邻分子间的非键合原子之间核间距的一半。3 种原子半径示意图如图 6-5 所示。

a) 范德华半径　　　　b) 金属半径　　　　c) 共价半径

图 6-5　3 种原子半径示意图（$r = d/2$）

由图 6-6 可知原子共价半径的递变规律：随着原子序数的递增，元素的原子半径呈周期性变化。对于主族元素，同一周期，原子半径从左到右，逐渐减小，这是因为同一周期，从左至右，元素的原子序数逐渐增大，核电荷数逐渐增加，原子核对外层电子的吸引力增强；同一主族元素，从上到下，原子半径逐渐增大，原因是同一主族，从上到下，原子的电子层数增加，电子离原子核的距离变远。副族元素的原子半径变化的总趋势缓慢缩小，其间有小幅度的起伏。

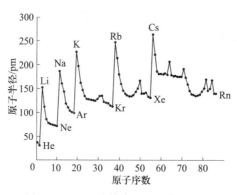

图 6-6 原子共价半径的周期性变化

2. 电负性

1932 年，美国化学家鲍林提出了电负性的概念，他指出，元素电负性是指原子在分子中吸引成键电子的能力。他规定元素 F 的电负性最大，其数值为 4.0（后来修正为 3.90），然后通过比较而得出其他元素的电负性数值，如图 6-7 所示是各元素的电负性数据。

H 2.20																	He –
Li 0.98	Be 1.57											B 2.04	C 2.55	N 3.04	O 3.44	F 3.90	Ne –
Na 0.93	Mg 1.31											Al 1.61	Si 1.90	P 2.19	S 2.58	Cl 3.16	Ar –
K 0.82	Ca 1.00	Sc 1.36	Ti 1.54	V 1.63	Cr 1.66	Mn 1.55	Fe 1.83	Co 1.88	Ni 1.91	Cu 1.90	Zn 1.65	Ga 1.81	Ge 2.01	As 2.18	Se 2.55	Br 2.96	Kr –
Rb 0.82	Sr 0.95	Y 1.22	Zr 1.33	Nb 1.6	Mo 2.16	Tc 2.10	Ru 2.2	Rh 2.28	Pd 2.20	Ag 1.93	Cd 1.69	In 1.78	Sn 1.96	Sb 2.05	Te 2.1	I 2.66	Xe –
Cs 0.79	Ba 0.89	La 1.10	Hf 1.3	Ta 1.5	W 1.7	Re 1.9	Os 2.2	Ir 2.2	Pt 2.2	Au 2.4	Hg 1.9	Tl 1.8	Pb 1.8	Bi 1.9	Po 2.0	At 2.2	Rn –

图 6-7 元素的电负性数据

同一周期从左至右，元素的电负性随着原子序数的增加而逐渐增大，主族元素之间的差别明显，副族元素变化幅度较小。同一族从上往下，主族元素的电负性随着原子序数的增加而逐渐递减，也有个别元素的电负性数值异常；副族元素变化比较复杂。

3. 金属性和非金属性

元素的金属性是指元素原子失去电子变成阳离子的能力；元素的非金属性是指元素原子得到电子变为阴离子的能力。若某元素原子越易失去电子变为阳离子，则表示其金属性越强，非金属性越弱；若某元素原子越容易得到电子变为阴离子，则表示其非金属性越强，金属性越弱。

元素原子的金属性和非金属性相对强弱，可用原子半径和电负性进行分析解释。原子半径越大，核对外层电子的吸引力越小，元素的金属性越强，非金属性越弱；反之，原子半径越小，元素的金属性越弱，非金属性越强。元素的电负性越大，表明该原子在化合物中吸引电子能力越强，即该元素的金属性越弱，非金属性越强；反之元素的电负性越小，则元素的金属性越强，非金属性越弱。

表 6 - 3 中，同一周期的主族元素，从左到右，元素的金属性逐渐减弱，非金属性逐渐增强。同一主族元素，从上而下，元素的金属性逐渐增强，非金属性逐渐减弱。主族元素最高氧化物的水化物的碱性递变规律和金属性的递变规律相同，酸性递变规律和非金属性的递变规律也相同。

表 6 - 3 　　主族元素的金属性和非金属性及其最高氧化物的水化物酸碱性变化规律表

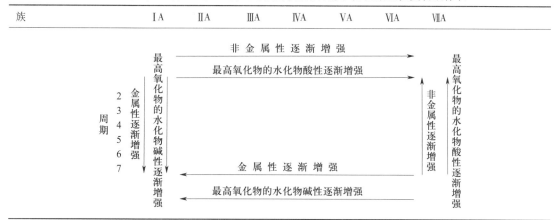

四、元素周期表的应用

元素周期表揭示了元素性质随原子序数递增而周期性变化的规律，阐明了元素之间的内在联系及元素的共性。

1. 可根据元素周期表推断未知元素的性质。例如，可根据 F、Cl、Br 的性质推断 I 和 At 的性质。

2. 可利用元素周期表，比较不同元素之间性质差异性。例如，元素最高氧化物的酸碱性、氢化物的稳定性、原子或离子的氧化性和还原性、同类化合物的水溶性等。

3. 帮助解释自然现象。例如，F 具有很强的氧化性，Cs 具有很强的还原性等。

4. 可在元素周期表中寻找特征元素，例如，非金属性最强的元素必在周期表的右上方，活泼金属必在表的左下方，半导体元素必在表的中间对角线附近等。

元素周期表一直是新元素探索的一个指导性工具，即使在现代化学与物理学中，它仍然发挥着不可替代的作用，如超铀元素的发现。

课堂练习 6 - 4

已知 A、B、C 和 D 的原子序数分别为 6、9、13 和 19。

（1）写出 A 与 B、B 与 C 及 B 与 D 元素组成化合物的化学式。

（2）哪一种元素通常形成双原子分子？

（3）哪一种元素的氢氧化物的碱性最强？

（4）推测 A、B、C、D 四种元素的电负性高低顺序。

§6-3 分子结构

 ## 学习目标

1. 掌握化学键的概念和分类，离子键、共价键、金属键的特点。

2. 熟悉极性键、非极性键、极性分子、非极性分子的概念，分子间作用力（含氢键）的概念及对物质物理性质的影响。

3. 了解离子化合物、共价化合物性质，离子晶体、分子晶体、原子晶体、金属晶体的特点。

【任务引入】

氮气，化学式为 N_2，在常温常压下，氮气是一种无色无味的惰性气体，氮气的密度比空气小。氮气占大气总量的 78.08%（体积分数），是空气的主要成分。在标准大气压下，冷却至 -195.8 ℃时，变成没有颜色的液体，冷却至 -209.8 ℃时，液态氮变成雪状的固体。氮气的化学性质不活泼，常温下很难跟其他物质发生反应，所以常被用来制作防腐剂，用作保护气。但在高温、高能量条件下可与某些物质发生化学变化，用来制取对人类有用的新物质。

问题　1. 为什么氮气的化学性质不活泼？

2. 什么是化学键？化学键有哪些类型？N_2 分子中两个 N 原子之间存在什么化学键？

一、化学键

化学变化的特点是原子核组成不变，而原子核外电子的运动状态发生改变，即化学键的形成与断裂只与原子核外电子运动有关。化学键是指分子或晶体中相邻原子间强烈的吸引作用力。根据原子间作用力产生的方式不同，化学键可以分为离子键、共价键和金属键等。

1. 离子键

1916 年，德国化学家柯塞尔根据稀有气体具有较稳定结构的事实提出了离子键模型。根据柯塞尔模型，当一种活泼金属原子和一种活泼非金属原子相互靠近时，可以通过电子转移形成具有稳定结构的阴、阳离子，这些带相反电荷的阴、阳离子通过静电作用而形成的化学键，称为离子键。

离子键的本质是静电作用。例如，金属钠在氯气中燃烧生成离子化合物 NaCl：

$$n\text{Na}^+ + n\text{Cl}^- \longrightarrow n\text{NaCl}$$

离子键的特点是无饱和性、无方向性。无方向性是指离子电场分布是球形对称的，各个方向的静电作用是相同的，可以从任意方向吸引带相反电荷的离子。无饱和性是指只要离子周围空间允许，离子可以尽可能多地吸引带相反电荷的离子。受静电作用平衡距离的限制，形成离子键的相反电荷离子数并不是任意的，例如，在氯化钠晶体中，每个 Na^+ 周围等距离排列 6 个 Cl^-，每个 Cl^- 周围等距离排列 6 个 Na^+。

2. 共价键

NaCl、KF、MgO 等化合物中金属元素与非金属元素化合时能形成离子键，那么同种非金属元素组成的单质（H_2、N_2、Cl_2 等）以及不同的非金属元素组成的化合物（HCl、CO_2、HF 等）等分子的形成用离子键理论是无法解释的。1916 年，美国化学家路易斯提出了经典共价键理论。他认为，共价键是由成键原子双方各自提供外层单电子组成共用电子对而不是电子转移形成的。

以 H_2 分子形成为例，分析共价键的形成。

当 2 个 H 原子相互接近时，每个 H 原子各提供 1 个电子，形成 2 个成键原子所共有的共用电子对，形成稳定的 H_2 分子，其形成过程又可用电子式表示为：

$$\text{H}\times + \cdot\text{H} \longrightarrow \text{H}\overset{\times}{\cdot}\text{H}$$

像氢分子这样原子间通过共用电子对形成的化学键称为共价键。不同种非金属元素化合时，它们的原子之间也能形成共价键。如氢气与氯气反应形成 HCl 的过程可用下式表示为：

$$\text{H}\times + \cdot\ddot{\underset{\cdot\cdot}{\text{Cl}}}\colon \longrightarrow \text{H}\overset{\times}{\cdot}\ddot{\underset{\cdot\cdot}{\text{Cl}}}\colon$$

共价键的特点是饱和性和方向性。在化学上，常用一根短线表示一对共用电子对，这种表示分子结构的式子称为结构式，例如：

$$\text{Cl}-\text{Cl} \qquad \text{H}-\text{Cl} \qquad \text{H}\overset{\text{O}}{}\text{H} \qquad \text{H}-\underset{|}{\overset{|}{\text{C}}}-\text{H}$$

氯气　　　氯化氢　　　水　　　　甲烷

3. 配位键

配位键是一种特殊的共价键。其特点是两原子的共用电子对是由一个原子单独提供而形成的共价键。配位键常用"→"表示，箭头指向电子对的接受体。如 A→B，其中 A 原子提供电子对，称为电子对的给予体；B 原子接受电子对，称为电子对的接受体。两个成键原子间形成配位键有两个必要条件：一个成键原子的价电子层有孤对电子；另一个成键原子的价电子层有空轨道。

以 NH_4^+ 的形成过程为例。

当氨分子与氢离子作用时，氨分子里的氮原子上有 1 对没有成键的电子，习惯上称为孤对电子，氨分子上的孤对电子进入氢离子的空轨道，这 1 对电子在氮、氢原子间共用，形成配位键，如图 6 - 8 所示。

$$\begin{array}{c} H \\ H \underset{\times}{\overset{\times}{\times}} \overset{\cdot \cdot}{N} \colon + H^+ \\ H \end{array} \longrightarrow \left[\begin{array}{c} H \\ H \underset{\times}{\overset{\times}{\times}} \overset{\cdot \cdot}{N} \colon H \\ H \end{array} \right]^+ \qquad \left[\begin{array}{c} H \\ | \\ H - N \blacktriangleright H \\ | \\ H \end{array} \right]^+$$

图 6 - 8 NH_4^+ 的形成过程和结构式

4. 金属键

据 X 射线研究发现，金属的结构是由金属原子紧密堆积形成的晶体，每个金属原子的周围都被相同的原子围绕。金属原子的价电子少，电负性也小，从而金属原子容易失去电子形成离子。从金属原子上脱离的电子可以自由地从一个金属离子运动至另一个金属离子，因此称为自由电子。在金属晶体中，靠自由电子不停地运动，把金属原子和金属离子结合在一起，这种化学键称为金属键。与共价键不同，金属键无方向性、无饱和性。

【知识链接】

共价键的类型

1. σ 键

原子轨道沿键轴（核间连线）以"头碰头"方式进行重叠，重叠部分沿键轴呈圆柱形对称分布，形成 σ 共价键。如 $s-s$、$s-p_x$ 和 p_x-p_x 轨道重叠，σ 键示意图如图 6-9 所示。例如，$H-H$、$H-Cl$ 和 $Cl-Cl$ 都是 σ 键。

2. π 键

互相平行的 p_y 或 p_z 轨道则以"肩并肩"方式进行重叠，重叠部分垂直于键轴并呈镜面反对称，形成 π 共价键，π 键示意图如图 6-9 所示。

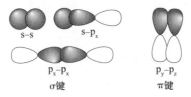

图 6 - 9   σ 键和 π 键示意图

二、分子的极性和分子间作用力

1. 键的极性

键的极性反映了共价键中正、负电荷的分布情况，也是分子中成键原子吸引电子能力不同所致。考虑到电负性，电子云的分布有两种情况：两个相同原子形成共价键，因其电负性相同，两原子吸引电子能力相同，电子云密度大的区域正好在两个原子核的中间，这样，原子核的正电荷重心和电子云的负电荷重心正好重合，这种键称为非极性键。例如，双原子分子单质 H_2、O_2、Cl_2 中的共价键为非极性键。

两个不同原子形成共价键，因其电负性不同，两原子吸引电子能力不同，共用电子云偏向电负性较大的原子，这样，两原子核间的电荷分布不对称，电负性较大的原子一端带上部分负电荷 δ^-，电负性较小的原子一端带上部分正电荷 δ^+，原子核的正电荷重心和电子云的负电荷重心不重合，这种键称为极性键。例如，在 HCl 分子中，H—Cl 为极性键。

2. 分子的极性

分子的极性取决于分子中的正电荷重心和负电荷重心是否重合。如果正、负电荷重心相互重合，称为非极性分子；如果正、负电荷重心不相互重合，称为极性分子。

分子的极性大小用偶极矩 μ 来衡量，其大小为正、负电荷重心之间的距离（偶极长）d 与电荷量 q 的乘积：

$$\mu = q \cdot d$$

分子的偶极矩是一个矢量，既有数量又有方向，方向为从正到负。分子偶极矩越大，则极性越强，偶极矩等于零的分子，是非极性分子。

对于双原子分子来说，分子的极性和键的极性一致。例如，H_2 分子中 H—H 为非极性键，H_2 为非极性分子；HCl 分子中的 H—Cl 为极性键，HCl 是极性分子。多原子分子的情况较复杂，分子的极性不仅取决于键的极性，而且要考虑分子的空间结构。例如，CO_2 分子中，虽然 C＝O 为极性键，但 CO_2 分子是直线型分子，正电荷重心和负电荷重心都在分子的中心，互相重合，因此 CO_2 是非极性分子。

课堂练习 6－5

试回答下列物质中哪些是极性的？哪些是非极性的？为什么？

(1) CH_4　　(2) $CHCl_3$　　(3) CO_2　　(4) BCl_3　　(5) H_2S　　(6) HCl

3. 分子间作用力

化学键（离子键、共价键和金属键）是分子内部原子之间的相互作用，键能为 150 ~ 650 kJ/mol。分子与分子之间存在一种相互吸引的作用力，称为分子间作用力。荷兰物理学家范德华首先对分子间作用力进行研究，因此分子间作用力统称范德华力，包括取向力、诱导力和色散力。

（1）取向力

极性分子因其正、负电荷重心不重合具有永久偶极，也称为固有偶极。当两个极性分子相互靠近时，固有偶极就会发生同极相斥、异极相吸而进行定向排列，这种由于极性分子的固有偶极定向排列产生的静电作用力称为取向力。

取向力的本质是静电作用。取向力只存在于极性分子之间，分子极性越大，取向力越大。

（2）诱导力

当极性分子与非极性分子相互靠近时，极性分子诱导其他分子（非极性分子），使其变形，导致分子正、负电荷重心不重合，产生诱导偶极。这种固有偶极和诱导偶极之间的静电作用称为诱导力。

诱导力的产生根源在极性分子；而且极性分子的极性越大，诱导力越大。诱导能力强的分子其变形性往往越差，且诱导力不是分子间的主导作用力。

（3）色散力

对于非极性分子而言，由于原子核的振动和电子的运动，可引起分子正、负电荷重心不再重合，从而产生瞬时偶极。这种由瞬时偶极产生的作用力称为色散力。

极性分子也能产生瞬时偶极，所有分子都会产生瞬时偶极，色散力存在于一切分子之间。此外，色散力的大小和相对分子质量有关，通常相对分子质量越大，色散力越大。除极少数极性极强的分子外，色散力是分子间的主导作用力。

4. 氢键

卤素氢化物中，HF 的相对分子质量最小，但熔、沸点却最高，这是由于 HF 分子之间除了范德华力外，还存在一种特殊的分子间作用力，称为氢键。

为什么 HF 分子之间能形成氢键？在 HF 分子中，H 原子和 F 原子以共价键结合，由于 F 原子的电负性大，成键电子对强烈地偏向于 F 原子一方，H 原子几乎变成裸露的质子。另外，HF 分子中 F 原子上有未成键的孤对电子，当两个 HF 分子相互靠近时，H 原子与另一 HF 分子中 F 原子的孤对电子产生较强吸引，使得 HF 分子之间形成了 F—H…F 形式的氢键。

氢键的组成可用 X—H…Y 表示，其中，X、Y 均为电负性大、原子半径小的原子，通常为 F、O 和 N 原子。如果 X—H…Y 中 X 和 Y 属于同一分子，这种氢键称为分子内氢键，有些化合物分子的羟基可以与同一分子邻位上的 —COOH、—NO₂、—OH 等取代基之间形成分子内氢键，如邻羟基苯甲酸，如图 6-10 所示；如果 X—H…Y 中 X 和 Y 属于不同分子，这种氢键称为分子间氢键，如 H_2O 和 HF 分子。

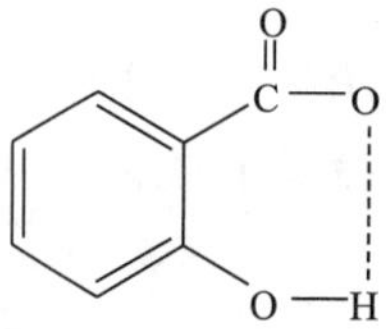

图 6-10　邻羟基苯甲酸分子内氢键

■ 课堂练习 6 - 6

说明下列每组物质分子之间存在什么形式的分子间作用力。

（1）苯和四氯化碳　　　（2）碘和酒精　　　　（3）乙醇和水

（4）氦和水　　　　　　（5）溴化氢和氯化氢

三、晶体

物质都是由微观粒子（分子、原子、离子）聚焦而成的，微观粒子之间的相互作用不同，物质的聚集状态不同。固态物质的宏观形貌是微观结构的反映，按照其内部的结构特点可分为晶体和非晶体。它们的区别在于晶体中的微粒（离子、原子和分子）是有规则地排列着的，因而有一定的几何形状，并有固定的熔点，如食盐、水晶、金刚石等绝大多数固体都是晶体。非晶体中的微粒排列不规则，没有一定的几何形状，没有固定的熔点，受热时慢慢变软，最后变为液体，如玻璃、沥青、石蜡、松香等少数固体。按组成晶体的微粒以及微粒之间的结合力不同，可将晶体分为四种类型：离子晶体、分子晶体、原子晶体和金属晶体。

1. 离子晶体

我们把晶体中的微粒作为几何学中的点，称为结点，这些点的总和称为晶格。离子晶体是由阴、阳离子通过离子键相互结合而形成的，所以离子晶体晶格结点是排列着阴、阳离子的。由于离子键无方向性和无饱和性，在常温下阳、阴离子尽可能地紧密堆积在一起，形成离子晶体。离子晶体中晶胞（构成晶体的最基本几何单元）类型主要由体积大的阴离子的堆积方式所决定，最常见的阴离子堆积方式有简单立方、面心立方、六方等，体积小的阳离子正好处于阴离子之间的空隙中，可形成正四面体、八面体或立方体等类型，每个阳离子的配位数分别为 4、6 和 8。AB 型离子晶体（只含有一种阳离子和一种阴离子，且两者所带电荷数相同）最常见的晶体类型有：NaCl 型结构、CsCl 型结构和立方 ZnS 型结构，如图 6 - 11 所示。

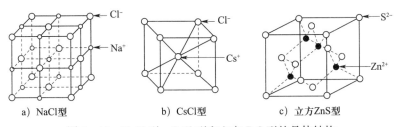

a) NaCl型　　　　　b) CsCl型　　　　　c) 立方ZnS型

图 6 - 11　NaCl 型、CsCl 型和立方 ZnS 型的晶体结构

离子晶体一般具有较高的熔点和较大的硬度，一般易溶于水，溶于水或熔融状态下可以导电。

2. 分子晶体

分子通过范德华力或氢键聚集在一起，形成分子晶体。分子晶体晶格结点上排列的是分子（也包括像稀有气体那样的单原子分子）。分子晶体中的分子通常采取紧密的堆积方式，如 CO_2、CH_4 等分子晶体是面心立方堆积，直线型的 CO_2 分子在二氧化碳固体中形成面心立方晶胞，每个晶胞中有 4 个 CO_2 分子。

稀有气体、大多数非金属单质（如氢气、氧气、卤素单质、磷、硫黄等）和由非金属构成的化合物（如 HCl、CO_2 等），以及大部分有机化合物，在固体时都是分子晶体。分子晶体的物质熔点较低、硬度小、挥发性较大，常温常压下多是气体或易挥发的液体。

3. 原子晶体

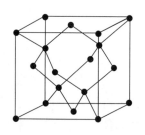

图 6-12　金刚石的晶体结构

原子晶体是由原子直接通过共价键组成的晶体物质，原子晶体晶格结点上排列的是原子。例如，金刚石，每个碳原子都处于与它以共价键相连的 4 个碳原子所组成的四面体的中心，构成如图 6-12 所示的面心立方晶胞，每个晶胞中有 8 个碳原子。周期表中，第ⅣA族元素碳（金刚石）、硅、锗等单质的晶体是原子晶体，还有一些化合物也是原子晶体，如 SiC、SiO_2、AlN。

原子晶体熔点高，硬度大，不导电，在多数溶剂中都不溶解。

4. 金属晶体

金属晶体中存在金属离子（或金属原子）和自由电子，金属离子（或金属原子）总是紧密地堆积在一起，金属离子和自由电子之间存在较强烈的金属键，自由电子在整个晶体中自由运动。金属具有共同的特性，如金属有光泽、不透明，是热和电的良导体，有良好的延展性和机械强度。在金属晶体中，金属原子的堆积方式主要有六方密堆积、面心立方密堆积、体心立方堆积和简单立方堆积。

除了离子晶体、分子晶体、原子晶体和金属晶体 4 种类型外，还有一种混合型晶体，如石墨。如图 6-13 所示，石墨晶体是层状结构，层与层之间的距离为 340 pm，层与层之间通过范德华力结合；同一层中的 C—C 键长均为 142 pm，每个碳原子与相邻的 3 个碳原子以 σ 键相连，形成一个"无限"正六边形蜂巢状结构，结构稳定，因而石墨化学性质稳定。

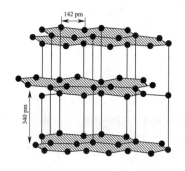

图 6-13　石墨的晶体结构

§6-4 配位化合物

 学习目标

1. 掌握配位化合物的命名。
2. 熟悉配位化合物的概念和组成。
3. 了解配位化合物在医药中的应用。

【任务引入】

演示实验：在 $CuSO_4$ 溶液中，滴加氨水，试管中先出现蓝色沉淀，继续滴加氨水，沉淀溶解，形成深蓝色透明的溶液。将此深蓝色透明溶液分成两份，一份加入 $BaCl_2$ 溶液，立刻有白色沉淀生成；另一份加入 NaOH 溶液，无蓝色沉淀生成。

问题 1. 蓝色沉淀是什么？继续滴加氨水，沉淀为什么会溶解？

2. 什么是配位化合物？配位化合物由什么组成？

演示实验中在 $CuSO_4$ 溶液中滴加氨水，先出现的是蓝色 $Cu(OH)_2$ 沉淀。

$$CuSO_4 + 2NH_3 \cdot H_2O =\!=\!= Cu(OH)_2\downarrow + (NH_4)_2SO_4$$

继续滴加氨水，沉淀溶解，形成深蓝色透明的溶液。此溶液加 $BaCl_2$ 溶液，立刻有白色沉淀生成，说明溶液中有大量的 SO_4^{2-} 离子；加入 NaOH 溶液无蓝色沉淀生成，说明溶液中 Cu^{2+} 浓度极低。研究发现此深蓝色透明溶液中 Cu^{2+} 与 4 个中性 NH_3 分子结合成稳定复杂的 $[Cu(NH_3)_4]^{2+}$，复杂的 $[Cu(NH_3)_4]^{2+}$ 与 SO_4^{2-} 结合成复杂化合物 $[Cu(NH_3)_4]SO_4$，称为配位化合物。其反应式如下：

$$CuSO_4 + 4NH_3 \cdot H_2O =\!=\!= [Cu(NH_3)_4]SO_4 + 4H_2O$$

配位化合物简称配合物，又称络合物，是一类数量巨大而且组成较复杂的化合物。1893年，瑞士科学家维尔纳首先提出了配位理论，奠定了现代配位化学的基础，并在 1913 年获诺贝尔化学奖。

一、配位化合物的组成

配合物是一类具有特定的组成、形状和性质的化合物。一定数量的离子或分子（称为配位体，简称配体）与中心原子（通常是金属离子或原子）以配位键结合而成的复杂离子（或分子）称为配离子（或配位分子），含有配离子的化合物或配位分子称为配合物。配体可以提供电子，充当电子给予体，而中心原子可以接受电子，是电子接受体。

1. 内界和外界

大多数配合物由配离子和带有相反电荷的离子组成。

配合物的结构特征如图 6-14 所示。由中心原子（离子）和配体组成配合物的内界，写在方括号之内；当内界电荷不为 0 时，$[Cu(NH_3)_4]^{2+}$ 称为配合物离子，简称配离子。与配离子带相反电荷的离子是配合物的外界，如 SO_4^{2-}。内界与外界通过离子键结合。配位分子没有外界，如 $[PtCl_2(NH_3)_2]$、$[Ni(CO)_4]$。

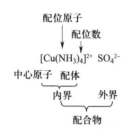

图 6-14　配合物的结构特征

2. 中心原子

中心原子是接受电子对的原子或离子。中心原子的作用是提供空轨道，用于接受配体中的配位原子提供的电子对形成配位键。中心原子通常为过渡金属元素的正离子，如 Cu^{2+}、Ni^{2+}、Zn^{2+}；也可以是中性原子，如 Ni。

3. 配体

配体是能给出孤对电子或 π 电子的分子或阴离子，一些常见配体见表 6-4。配体中直接与中心原子以配位键相连接的原子称为配位原子，如 N、O、S、C、F、Cl。配位原子的作用是提供电子对，进入中心原子的空轨道形成配位键。

只含有一个配位原子的配体称为单齿配体，如 X^-、H_2O^*、$^*NH_3$ 等。含有两个或两个以上配位原子的配体称为多齿配体，如乙二胺（简写为 en）。

表 6-4　　　　　　　　　　　常见配体

化学式	名称	齿数
F^-、Cl^-、Br^-、I^-	卤素离子	1
SCN^-、CN^-	硫氰酸根、氰根	1
NCS^-、NC^-	异硫氰酸根、异氰根	1
ONO^-	亚硝酸根	1
$-NO_2$	硝基	1
NH_3、H_2O	氨、水	1
$H_2NCH_2CH_2NH_2$（en）	乙二胺	2
$H_2NCH_2COO^-$	氨基乙酸根	2
$^-OOC-COO^-$（ox）	草酸根	2

续表

化学式	名称	齿数
	1,10 - 菲绕啉	2
	氨三乙酸根	4
	乙二胺四乙酸根	6

4. 配位数

中心原子的配位数是指直接与中心原子以配位键结合的配位原子的总数。过渡金属离子常见的配位数是 2、4 和 6。若配合物中所有配体都是单齿配体，则配位数等于配体个数，如 $[Cu(NH_3)_4]^{2+}$；若配合物中有配体为多齿配体，则配位数不等于配体个数，如 $[Cu(en)_2]^{2+}$，en 是两齿配体。

5. 配离子的电荷

在配合物中，配离子与外界离子所带电荷数量相等而电性相反，整个配合物是电中性的。配离子的电荷数等于中心原子的氧化数和配体总电荷数的代数和。

二、配位化合物的命名

1. 配合物的内界

配合物的命名关键在配离子的命名，也就是配合物的内界。配离子命名时，依次说明配体数目、配体名称和中心原子名称，配体和中心原子之间用"合"字连接，表示配位键；中心原子的氧化数用罗马数字在（ ）中标明。

命名方式：配体数（汉） + 配体 + "合" + 中心原子（氧化数）。

例如：$[Cu(NH_3)_4]^{2+}$　　四氨合铜（Ⅱ）配离子

在混配物的化学式中，配体的列出次序为：不同配体用·分开；先无机物、后有机物；先负离子、后中性分子；若同为分子或离子则按配位原子的元素符号的英文字母顺序。

例如：$[Pt(NH_3)Cl_3]^-$　　　三氯·一氨合铂（Ⅱ）酸根离子

$\qquad[Co(NH_3)_5(H_2O)]^{3+}$　　　五氨·一水合钴（Ⅲ）离子

2. 配合物的命名

配合物的命名服从无机化合物的命名原则，即阴离子在前，阳离子在后。若配合物内界为阴离子时，把配离子当作含氧酸根，配合物可能是盐或质子酸；若配合物内界为阳离子时，相当于普通盐中简单的金属阳离子。

例如：$K_3[Fe(CN)_6]$ 六氰合铁（Ⅲ）酸钾

          $[Cu(NH_3)_4]Cl_2$ 氯化四氨合铜（Ⅱ）

          $[PtCl_2(NH_3)_2]$ 二氯·二氨合铂（Ⅱ）

课堂练习 6 – 7

写出下列配合物中中心原子的氧化数、配离子的电荷数、配体和配位原子、配位数及配合物的名称或化学式。

（1）$[Ag(NH_3)_2]OH$ （2）六氰合铁（Ⅱ）酸钾

三、配位化合物在医药中的应用

自然界中存在很多配位化合物，配合物的形成能够明显地表现出各元素的化学个性，因此配位化学所涉及的范围及应用非常广泛，如稀有金属和有色半导体，高选择性配位催化剂的设计和制备，抗癌、杀菌、抗风湿等重要药物的研制等。下面介绍一下配位化合物在医药中的应用。

1. 金属基抗癌药物

1967 年，人们发现顺铂（顺式—二氯·二氨合铂）具有抗肿瘤活性，目前已经研制和开发出第二及第三代铂类抗癌药物，其中，顺铂、卡铂和奥沙利铂在全球范围内被批准进入临床应用，奈达铂、乐铂和庚铂分别在日本、中国和韩国上市，这些药物被广泛应用于癌症治疗，并起到了良好疗效。非铂系配合物的抗癌药物是临床上治疗生殖泌尿系统、头颈部、食道、结肠等癌症有效的广谱抗癌药物。如金（Ⅰ）配合物、金（Ⅱ）配合物、有机锗、有机锡等。

2. 金属配合物解毒剂

对于进入生物体的外源性金属或过量必需金属元素，可通过螯合作用将其去除，以避免中毒。依地酸二钠钙是临床上治疗铅中毒及某些放射性元素中毒的高效解毒剂。二巯丁二钠是我国创制的解毒剂，用于锑、汞、铅、砷和镉等中毒。

3. 配合物的杀菌、抗病毒作用

多数抗微生物的药物属配体，与金属配位后可增加其活性。某些配合物有抗病毒作用。病毒的核酸和蛋白质均为配体，能和阳离子作用，生成生物金属配合物。配离子或与病毒作用，或占据细胞表面防止病毒的吸附，或防止病毒在细胞内再生，从而实现抗病毒作用。抗病毒配合物一般是以二价的ⅦB 和ⅧB 族金属作中心原子，以 1,10—菲绕啉或其他乙酰丙酮为配体形成的。

【知识链接】 ······

戴安邦

戴安邦（1901 年 4 月 30 日—1999 年 4 月 17 日），出生于江苏丹徒，无机化学家、化学教育家，中国科学院学部委员，南京大学教授、博士生导师。1963 年，戴安邦创建南京大学络合物化学研究室，兼任主任，并于 1978 年扩建为南京大学配位化学研究所，1988 年又创建了南京大学配位化学国家重点开放实验室。戴安邦对硅、铬、钨、钼、铀、钍、铝、铁等元素的多核配合物化学进行了系统的研究。

戴安邦长期从事无机化学和配位化学的研究工作，是中国最早进行配位化学研究的学者之一。

知识回顾

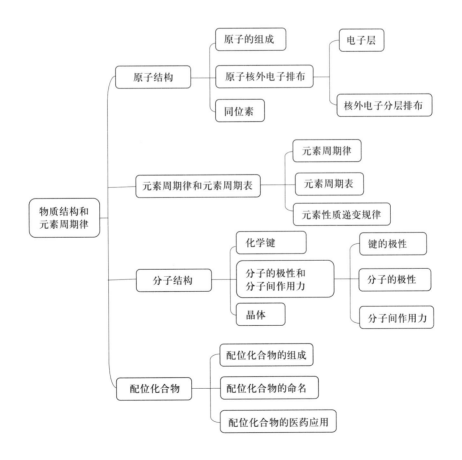

目标检测

一、单项选择题

1. 对于基态原子，下列与原子序数不一定相等的物理量是（　　）。

A. 核内质子数　　　　B. 核电荷数　　　　C. 核外电子数　　　　D. 中子数

2. 元素周期表中各区与族的分布特征说法错误的是（　　）。

A. s 区元素：ⅠA ~ ⅢA 族　　　　　　B. p 区元素：ⅢA ~ ⅦA、0 族（He）

C. d 区元素：ⅢB ~ ⅧB 族　　　　　　D. ds 区元素：ⅠB、ⅡB 族

3. 氯的原子序数为 17，下列说法正确的是（　　）。

A. 最常见的化合价为 +1　　　　　　B. 是第三周期的元素

C. 是 s 区元素　　　　　　　　　　D. 是ⅧA 族元素

4. 铝元素的原子序数为 13，其最外层有（　　）个电子。

A. 1　　　　　　B. 2　　　　　　C. 3　　　　　　D. 4

5. NH_4Cl 分子中所含键的类型为（　　）。

A. 离子键　　　　B. 极性键　　　　C. 配位键　　　　D. 上述三类都有

6. 关于氟元素，下列说法错误的是（　　）。

A. 氟是非金属性元素　　　　　　　　B. 氟元素的电负性较小

C. 氟元素常见的化合价为 -1　　　　D. 氟是第二周期元素

7. 下列分子中，存在极性键的是（　　）。

A. HCl　　　　　B. H_2　　　　　C. O_2　　　　　D. Cl_2

8. 六氰合铁（Ⅲ）酸铁（Ⅱ）的化学式为（　　）。

A. $Fe_3[Fe(CN)_6]_2$　　　　　　　　B. $Fe[Fe(CN)_6]$

C. $Fe_4[Fe(CN)_6]_3$　　　　　　　　D. $Fe_2[Fe(CN)_6]_2$

二、填空题

1. 钠原子的电子数是 11，中子数为 12，钠原子的质子数为＿＿＿＿＿＿，核电荷数为＿＿＿＿＿＿，原子序数为＿＿＿＿，质量数为＿＿＿＿。

2. 带相反电荷的阴、阳离子通过静电作用而形成的化学键，称为＿＿＿＿。其特点是＿＿＿＿和＿＿＿＿。

3. 处于稳定状态的原子，核外电子将尽可能地按能量最低原理排布，第一电子层最多排布＿＿＿＿个电子，第二电子层最多排布＿＿＿＿个电子，第三电子层最多排布＿＿＿＿个电子。

4. 写出原子序数为 16 的元素的名称是_____，元素符号是_____，位于第_____周期第_____族_____区。

5. HF 和 H_2O 的沸点比卤素和氧族元素中其他元素的氢化物高，这是因为 HF 分子、H_2O 分子之间存在着很大的作用力，称为_____。

6. 范德华力存在的 3 种类型为：_____、_____、_____。

7. 共价键的特点是_____和_____。

8. CCl_4 和 I_2 的分子间存在的分子间作用力为_____，而 N_2 和 H_2O 的分子间则存在_____等分子间作用力。

9. $[Cu(NH_3)_4]Cl_2$ 的系统命名为_____，其中心原子为_____，配体数为_____，配位数为_____。写出六氟合硅（Ⅳ）酸钠、氯化一氯五氨合钴（Ⅲ）、四碘合汞（Ⅱ）酸钾的化学式：_____、_____、_____。

10. 同一周期，随着原子序数增大，主族元素的原子半径逐渐_____（增大、不变、减小），电负性逐渐_____（增大、不变、减小）。

三、判断题

1. 对于一个原子来说，核电荷数＝核内质子数＝核外电子数。　　　　　　（　　）

2. 由极性键组成的任何分子都是极性分子。　　　　　　　　　　　　　（　　）

3. 元素的电负性越大，则元素的金属性越强，非金属性越弱。　　　　　（　　）

4. CO_2 分子中的化学键为极性共价键，但分子是非极性分子。　　　　　（　　）

5. p 区元素原子的价电子数为 1~8 个，包括ⅢA～ⅦA 族和零族元素。　（　　）

6. 同一周期，随着原子序数增大，原子半径逐渐减小。　　　　　　　　（　　）

7. 双原子分子的极性与键的极性一致，多原子分子的极性取决于分子的空间构型。

（　　）

8. 在所有含氢化合物的分子之间都存在氢键。　　　　　　　　　　　　（　　）

第七章

常见无机物

无机物是指不含碳元素的纯净物以及部分含碳化合物，如一氧化碳、二氧化碳、碳酸、碳酸盐等。根据物质的性质和组成不同，无机物可分为单质和化合物两大类。由同种元素组成的纯净物称为单质，单质分为金属、非金属和惰性气体；由不同种元素组成的纯净物称为化合物，化合物又分为氧化物、酸、碱和盐四类。氧化物是指由两种元素组成，其中一种元素是氧元素的化合物。根据化学性质不同，氧化物可分为酸性氧化物、碱性氧化物和两性氧化物三大类。酸是指在水溶液中电离产生的阳离子只是 H^+ 的化合物，如盐酸、硫酸、硝酸。碱是指在水溶液中电离出的阴离子只是 OH^- 的化合物，与酸反应形成盐和水，如氢氧化钠、氢氧化钾。盐是指酸与碱中和的产物，由金属离子（包括铵根离子）与酸根离子构成。化学中盐分为 3 类：正盐、酸式盐、碱式盐。盐是化学工业的重要原料，它可制成氯气、金属钠、纯碱（碳酸钠）、重碱（碳酸氢钠、小苏打）、烧碱（苛性钠、氢氧化钠）和盐酸。

§7-1 常见非金属单质及化合物

学习目标

1. 掌握卤素及其化合物性质，氯气和氯化氢的制法，浓硫酸、硝酸的性质和制法，掌握 X^-、S^{2-}、$S_2O_3^{2-}$、SO_4^{2-}、NH_4^+、NO_3^-、PO_4^{3-}、CO_3^{2-} 等离子的鉴别。

2. 熟悉过氧化氢、臭氧、硫化氢、氨气的性质。

3. 了解二氧化硫、氮及其氧化物、磷及磷酸盐、碳及其化合物、硅及其化合物的性质。

【任务引入】

氯气的发现历史

氯气的发现应归功于瑞典化学家舍勒。舍勒是 18 世纪中后期欧洲的一位相当出名的科学家，他从少年时代起就在药房当学徒。他迷恋实验室工作，在仪器、设备简陋的实验室里他做了大量的化学实验，涉及内容非常广泛，发明也非常多。他以其短暂而勤奋的一生，对化学做出了突出的贡献，赢得了人们的尊敬。舍勒制备出氯气以后，把它溶解在水里，发现这种水溶液对纸张、蔬菜和花都具有永久性的漂白作用；他还发现氯气能与金属或金属氧化物发生化学反应。从1774年舍勒发现氯气以后，许多科学家先后对这种气体的性质进行了研究。这期间氯气一直被当作一种化合物。直到1810年，戴维经过大量实验研究，才确认这种气体是由一种化学元素组成的物质。他将这种元素命名为chlorine。这个名称来自希腊文，有"绿色的"意思。中国早年的译文将其译作"绿气"，后改为氯气。氯气属剧毒品，室温下为黄绿色不燃气体，有刺激性，加压液化或冷冻液化后，为黄绿色油状液体。

问题 1. 氯气的物理性质和化学性质是什么？

2. 氯气的制法是什么？氯气的用途是什么？

一、卤素及其化合物

卤族元素是指元素周期表中第ⅦA族元素，包括氟（F）、氯（Cl）、溴（Br）、碘（I）、砹（At）五种元素，简称卤素（一般讨论前4种元素）。它们在自然界都以典型的盐类存在，是成盐元素，卤族元素和金属元素构成大量无机盐。此外，在有机合成等领域卤素也发挥着重要的作用。卤素都有氧化性，氟单质的氧化性最强。

【案例分析】

案例 2005年3月29日晚京沪高速公路淮安段发生一起交通事故。该事故中，一辆载有35吨液氯的槽罐车与一货车相撞，导致槽罐车液氯大面积泄漏，造成了公路旁3个乡镇大量村民中毒，送医院治疗285人，中毒死亡者达27人，组织疏散村民群众近1万人。

问题 1. 导致这场灾难的"罪魁祸首"就是氯气。氯气属于卤素单质，化学性质十分活泼，氯气属剧毒品，我国国家职业卫生标准《氯气职业危害防护导则》（GBZ/T 275—2016）规定，工作场所中氯气最高容许浓度不得超过$1\,mg/m^3$。发生氯气泄漏该如何处置？

2. 氯气对人体的危害是什么？

1. 卤素单质

卤族元素的单质都是双原子分子，它们的物理性质的改变都是很有规律的，随着相对分子质量的增大，卤素分子间的色散力逐渐增强，颜色变深，它们的熔点、沸点、密度、原子半径也依次递增。由于卤素是活泼非金属元素，因此在自然界中它们都以化合态存在。

（1）物理性质

卤素单质的物理性质见表7-1。

表 7 –1 　　　　　　　　　　　　　卤素单质的物理性质

卤素单质	颜色和状态	密度	熔点/℃	沸点/℃
F_2	淡黄绿色气体	1. 69 g/L (15 ℃)	– 219. 6	– 188. 1
Cl_2	黄绿色气体	3. 214 g/L (0 ℃)	– 101	– 34. 6
Br_2	红棕色液体	3. 119 g/cm³ (20 ℃)	– 7. 2	58. 78
I_2	紫黑色固体	4. 93 g/cm³	113. 5	184. 4

I_2　　Br_2　　Cl_2

所有卤素单质都有刺激性气味，并有腐蚀性和毒性，其毒性从氟到碘而减轻。吸入少量卤素气体会使呼吸系统受到强烈刺激，引起喉部和鼻腔黏膜发炎，吸入量较多时会引起肺炎和其他疾病以至死亡。使用和保管这些物质时要倍加小心。轻微中毒时可吸入酒精和乙醚的混合气体或少量氨气作为解毒剂。液溴对皮肤的烧伤是很难治愈的，使用时要注意劳动保护。

碘固体在常压下加热，不经过熔化就可直接变成紫色的碘蒸气，这种现象称为升华。人们常利用碘的升华来提纯碘。碘蒸气遇冷重新凝固成固体。碘易溶于有机溶剂，在四氯化碳中呈紫红色，在酒精中呈棕黄色。碘与淀粉溶液作用呈蓝色，此现象可用来对碘单质与淀粉进行相互检验。

（2）化学性质

卤族元素的原子结构示意图如图 7 – 1 所示。

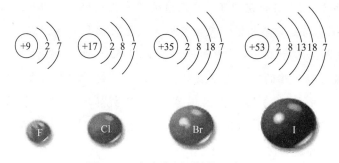

图 7 – 1　卤素的原子结构示意图

【趣味学习】

观察下面的实验现象及实验步骤，回答以下两个问题。

1. 实验中溶液为何会出现分层？

2. 通过三个实验现象和反应方程式能说明什么？

实验步骤	实验现象	化学反应方程式
取 0.1 mol/L NaBr 2 mL 加氯水 10 滴和 15 滴 CCl$_4$，振荡、静置	溶液分层，下层为橙红色	$2NaBr + Cl_2 == 2NaCl + Br_2$
取 0.1 mol/L KI 2 mL 加氯水 10 滴和 15 滴 CCl$_4$，振荡、静置	溶液分层，下层为紫褐色	$2KI + Cl_2 == 2KCl + I_2$
取 0.1 mol/L KI 2 mL 加溴水 10 滴和 15 滴 CCl$_4$，振荡、静置	溶液分层，下层为紫褐色	$2KI + Br_2 == 2KBr + I_2$

由此可见，卤素单质的活泼性和非金属性强弱顺序为：

$$F_2 \qquad Cl_2 \qquad Br_2 \qquad I_2$$

活泼性和非金属性逐渐减弱 →

表 7 - 2 中给出了卤素单质与氢气发生反应的实验现象。

表 7 - 2　　　　　　　　　　　卤素单质与氢气的反应

化学反应	实验现象
$F_2 + H_2 \xrightarrow{冷、暗} 2HF$	在暗处能够剧烈化合并发生爆炸，生成的氟化氢很稳定
$Cl_2 + H_2 \xrightarrow{光照} 2HCl$	光照或点燃发生反应，生成的氯化氢较稳定
$Br_2 + H_2 \xrightarrow{\triangle} 2HBr$	加热至一定温度才能反应，生成的溴化氢不如氯化氢稳定
$I_2 + H_2 \xrightarrow{\triangle} 2HI$	不断加热才能缓慢反应，生成的碘化氢不稳定，在同一条件下同时分解为 H_2 和 I_2，是可逆反应

与氯化氢一样，氟化氢、溴化氢、碘化氢均为无色气体，都易溶于水，溶于水后便成为酸，分别称为氢氟酸、氢溴酸、氢碘酸，它们和盐酸一样都具有酸的通性，酸性强弱顺序为：HI > HBr > HCl > HF。

卤素单质（除 F$_2$ 外）在水中溶解度较小，生成的氯水、溴水、碘水主要成分是单质，同时伴随有少量溶于水的反应产物。反应如下：

$$X_2 + H_2O \rightleftharpoons HXO + HX \qquad (X = Cl、Br、I)$$

【知识链接】 ....

卤素与人体的健康

卤族元素是人体的必需元素。

氟在人体内主要以氟化钙的形式分布在骨骼、牙齿、指甲和毛发中，尤以牙釉质中含量最多。氟能抑制牙齿上残留食物的酸化，具有坚硬、防龋作用。氟还能增强骨骼的硬度，加速骨骼的形成。氟元素缺乏会造成老年性骨质疏松症，这在低氟地区比较常见。对骨质疏松患者，服用适量的氟化钠，会使病症减轻。

氯是人体必需常量元素之一，是维持体液和电解质平衡中所必需的，也是胃液的一种必需成分。自然界中常以氯化物形式存在，最普通的形式就是食盐。

碘是人体的必需微量元素之一，主要集中在甲状腺，并通过甲状腺合成甲状腺素。甲状腺素的作用是促进人体的新陈代谢，而碘是人体合成甲状腺素所必需原料。因此，缺碘地区的人们可以食用"加碘盐"或适量吃一些含碘丰富的海产品，有益于身体健康。

2. 卤素化合物

（1）金属卤化物

大多数金属卤化物易溶于水，而卤化银难溶于水，且不溶于稀硝酸。常见的金属卤化物有：氯化钠（NaCl）俗称食盐，是人体正常生理活动不可缺少的物质，每天摄入适量的食盐可补充人体排泄掉的氯化钠，临床上使用的生理盐水是 9 g/L 的氯化钠溶液，生理盐水可以洗涤伤口；氯化钾（KCl）是无色晶体，医药上常用于低血钾症，亦用作利尿剂；氯化钙（$CaCl_2$）常以含结晶水的无色晶体存在，加热后失去结晶水，成为白色的无水氯化钙，它具有很强的吸水性，常用作干燥剂。氯化钙医药上可用于补钙药，也可用于抗过敏药；溴化钠医药上可用作镇静剂；碘化钾医药上常用于治疗甲状腺肿大和配制碘酊。

（2）卤素含氧酸

不同价态的卤素含氧酸见表 7 - 3。HXO 都不稳定，仅存在于水溶液中，从 HClO 到 HIO 稳定性减弱。HClO 分解方程式为：

$$2HClO \xrightarrow{\text{光照}} 2HCl + O_2$$

表 7 - 3　　　　　　　　　　　不同价态的卤素含氧酸

化合价	化学式	名称
+1	HXO	次卤酸
+3	HXO_2	亚卤酸
+5	HXO_3	卤酸
+7	HXO_4	高卤酸

高氯酸（$HClO_4$）是无机酸中氧化性最强的酸，也是酸性最强的无机酸。次氯酸（HClO）也是一种强氧化剂，能杀死水中的细菌，常用于自来水的消毒。次氯酸能使染料等有机物氧化而褪色，也可作漂白剂。

漂白粉是次氯酸钙、氯化钙和氢氧化钙的混合物。$Ca(ClO)_2$ 是其有效成分，也称漂白精。反应如下：

$$2Cl_2 + 2Ca(OH)_2 === CaCl_2 + Ca(ClO)_2 + 2H_2O$$

3. 氯气和氯化氢的制备

（1）氯气的制备

氯气的制备分为四个部分：反应原理、发生装置、净化装置、气体收集。

1）反应原理：

$$MnO_2 + 4HCl(浓) \xrightarrow{\triangle} MnCl_2 + Cl_2\uparrow + 2H_2O$$

注意，二氧化锰为难溶于水的黑色固体；稀盐酸与二氧化锰不反应；此反应必须加热；在常温下，高锰酸钾、氯酸钾、漂白粉等固体跟浓盐酸反应能产生氯气。

2）发生装置：如图 7 - 2 所示。

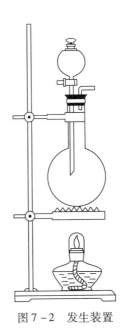

图 7 - 2　发生装置

有关仪器包括铁架台（带铁圈铁夹）、酒精灯、石棉网、烧瓶、双孔塞、分液漏斗、玻璃导管等。

3）净化装置：如图 7 - 3 所示。先用饱和食盐水吸收氯气中混有的氯化氢气体，再用浓硫酸干燥氯气。装配原则是先洗气后干燥、气体从长导管进短导管出。

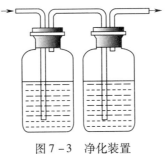

图 7 - 3　净化装置

4）气体收集：如图 7 - 4 所示。氯气微溶于水且比空气重，故用向上排空气法收集。氯气有毒，污染空气，故用浓氢氧化钠溶液吸收。氯气可用湿润的淀粉—碘化钾试纸检验。浓氢氧化钠溶液吸收氯气反应式如下：

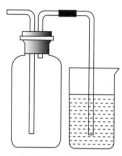

集气瓶　　浓NaOH溶液

图 7 – 4　气体收集和尾气处理装置

$$Cl_2 + 2NaOH == NaCl + NaClO + H_2O$$

（2）氯化氢的制法

需准备的药品为 NaCl 固体和浓硫酸。

反应原理：

$$NaCl + H_2SO_4(浓) \xrightarrow{微热} NaHSO_4 + HCl\uparrow$$

$$2NaCl + H_2SO_4(浓) \xrightarrow{\triangle} Na_2SO_4 + 2HCl\uparrow$$

发生装置如图 7 – 5 所示。

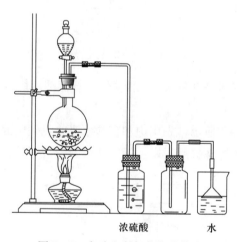

浓硫酸　　　水

图 7 – 5　实验室制氯化氢的装置

实验室制氯化氢的主要实验步骤如下：连接好装置，检查气密性；在烧瓶中加入氯化钠固体；往分液漏斗中加入浓硫酸，再缓缓滴入烧瓶中；缓缓加热，加快反应，使气体均匀逸出；通过浓硫酸进行干燥；用向上排空气法收集氯化氢气体，尾气导入吸收剂中。

课堂练习 7 –1

在常温常压下，将盛满氯气的一支试管倒置在水中，当日光照射一段时间至不再反应为止，试管中最后残留的气体占整个试管的（　　　）。

A. 1/2　　　　　　B. 1/3　　　　　　C. 1/4　　　　　　D. 2/3

二、氧、硫及其化合物

1. 氧和氧的化合物

（1）臭氧（O_3）

氧气和臭氧都是氧元素的不同单质，其分子中含有的氧原子的个数不同。由同种元素形成的性质不同的单质，称为这种元素的同素异形体。臭氧比氧气的性质更为活泼，因有刺激性臭味而称为"臭氧"。常温下，纯净的臭氧为淡蓝色气体，比氧气易溶于水，不稳定，常温下慢慢分解生成氧气。

臭氧有较强的氧化性，可以消毒杀菌，也可以使某些染料褪色，因此用于消毒和漂白。用臭氧代替氯气消毒饮用水，杀菌能力强，而且消毒后无异味。

【知识链接】

大气层中的臭氧层

在离地面 $10 \sim 50$ 千米的大气层中，集中了大气中约 90% 的臭氧，这一层大气层称为臭氧层。在臭氧层里，臭氧的生成和分解处于动态平衡，维持着一定的浓度。在标准状态下，若沿垂直方向将大气中的臭氧压缩，其厚度约为 3 mm，相当于两个 5 分钱硬币叠在一起那么厚。这层薄薄的臭氧，能有效遮挡住绝大部分阳光中有害的紫外线，就像撑在空中的一把伞，保护着地球上的生灵免遭短波紫外线的伤害。亿万年来，万物生灵在臭氧层保护伞的荫护下得以生存和繁衍。

（2）过氧化氢（H_2O_2）

过氧化氢同水一样也是氧的氢化物。过氧化氢能以任意比例与水混溶，其水溶液俗称双氧水。

纯过氧化氢在避光和低温下较稳定，常温下过氧化氢能缓慢分解：

$$2H_2O_2 === 2H_2O + O_2 \uparrow$$

过氧化氢在酸性或碱性溶液中都具有氧化性。如在酸性溶液中：

$$H_2O_2 + 2KI + H_2SO_4 === K_2SO_4 + I_2 + 2H_2O$$

利用过氧化氢的氧化性，医药上常用 30 g/L 的过氧化氢溶液外用消毒。过氧化氢的优点是漂白、杀菌性强，无有害残留物，不污染环境，但它对热不稳定。

过氧化氢遇强氧化性物质时则表现出还原性。例如：

$$Cl_2 + H_2O_2 === 2HCl + O_2$$

药典上利用下列反应鉴别过氧化氢：

$$K_2Cr_2O_7 + 4H_2O_2 + H_2SO_4 === 2CrO_5 + K_2SO_4 + 5H_2O$$

橙色　　　　　　　　　　　　蓝色

过氧化铬（CrO_5）在水中不稳定，但在乙醚中溶解度大，比较稳定，故反应中要加入乙醚。

2. 硫及硫化合物

硫是一种重要的非金属元素，广泛存在于自然界。游离态的硫，存在于火山喷口附近或地壳的岩石里，单质硫有斜方硫、单斜硫、弹性硫等同素异形体。

（1）硫和硫化氢

1）硫，俗称硫黄，是一种黄色晶体，不溶于水，易溶于二硫化碳。硫能与氢气、氧气等非金属及多种金属化合。如：

$$S + H_2 \xrightarrow{\triangle} H_2S$$

$$S + Fe \xrightarrow{\triangle} FeS$$

$$S + O_2 \xrightarrow{点燃} SO_2$$

2）硫化氢（H_2S）是无色、有臭鸡蛋气味的气体，能溶于水。常温常压下，1体积水溶解2.6体积的硫化氢气体，该水溶液称为氢硫酸。硫化氢具有还原性，在空气中能燃烧。

$$2H_2S + 3O_2（充足）\xrightarrow{点燃} 2SO_2 + 2H_2O$$

$$2H_2S + O_2（不充足）\xrightarrow{点燃} 2S + 2H_2O$$

硫化氢有剧毒，少量吸入后可引起头痛、晕眩，大量吸入可使人昏迷甚至死亡。因此，实验室中制取或使用硫化氢时，应在通风橱中进行。硫化氢是一种大气污染物，在空气中的含量不得超过0.01 mg/L。

（2）硫的氧化物及硫的含氧酸

1）二氧化硫（SO_2）是一种无色有刺激性、有臭味的气体，密度比空气大，容易液化，易溶于水。

【趣味学习】

演示实验 取适量亚硫酸钠（Na_2SO_3）固体，放入一支大试管中，加入2 mol/L的盐酸溶液1～2 mL，迅速用带有导管的胶塞塞紧，并及时将导管伸入盛有2～3 mL质量分数1%的品红溶液中，观察溶液颜色变化。稍后取出导管，加热上述反应溶液，再观察溶液颜色的变化。

问题 在实验过程中，二氧化硫通入品红溶液后，为什么会褪色？加热时又显红色说明了什么？

实验表明，亚硫酸钠与盐酸反应生成二氧化硫气体：

$$Na_2SO_3 + 2HCl \Longrightarrow 2NaCl + SO_2 \uparrow + H_2O$$

二氧化硫具有漂白性，能使品红溶液褪色。二氧化硫的漂白作用是由于它能与某些有色物质结合成不稳定的无色物质，这种无色物质易分解而使有色物质恢复原来的颜色，因此用二氧化硫漂白过的草帽、纸张等，日久又会变成黄色。此外，二氧化硫还用于杀菌、消毒等。

二氧化硫是典型的酸性氧化物，它溶于水时生成亚硫酸（H_2SO_3），溶液显酸性。燃煤产生的 SO_2 留在空气中，下雨时形成亚硫酸，是酸雨的一种形式。亚硫酸不稳定，容易分解成水和二氧化硫，因此二氧化硫与水反应生成亚硫酸是一个可逆反应。

$$SO_2 + H_2O \rightleftharpoons H_2SO_3$$

2）浓硫酸的特性。硫酸是一种难挥发的强酸，纯硫酸是无色无味的油状液体，能与水以任意比例互溶。浓硫酸除具有酸的通性外，还具有自身的特性。

浓硫酸能强烈吸水而生成硫酸水合物，同时放出大量的热。所以用水稀释浓硫酸时，必须将浓硫酸缓慢地注入水中，并用玻璃棒不断搅拌。实验室中常用浓硫酸作干燥剂，就是利用了浓硫酸的强吸水性。

浓硫酸能从有机物中按水的组成比例夺取其中的氢和氧，从而使有机物发生碳化现象，这种性质称为浓硫酸的脱水性。

课堂练习 7－2

除去 SO_2 中少量的 SO_3 气体，应选用（　　　）。

A. 饱和碳酸氢钠溶液　　　　　　B. 饱和亚硫酸钠溶液

C. 98.3% 的浓硫酸　　　　　　　D. 氢氧化钠溶液

（3）S^{2-}、$S_2O_3^{2-}$、SO_4^{2-} 的鉴别

1）SO_4^{2-} 离子的鉴别

实验：取 3 支试管分别编号，分别加入 2 mL 0.1 mol/L H_2SO_4、Na_2SO_4 溶液和 Na_2CO_3 溶液，然后在 1~3 号试管中各加入 2 滴 0.1 mol/L $BaCl_2$ 溶液，振荡。再在上述各试管中加入少量稀盐酸，振荡。

实验表明：加入 $BaCl_2$ 溶液后，3 支试管中都产生了白色沉淀。

$$H_2SO_4 + BaCl_2 = 2HCl + BaSO_4 \downarrow$$
$$\text{白色沉淀}$$
$$Na_2SO_4 + BaCl_2 = 2NaCl + BaSO_4 \downarrow$$
$$\text{白色沉淀}$$
$$Na_2CO_3 + BaCl_2 = 2NaCl + BaCO_3 \downarrow$$
$$\text{白色沉淀}$$

再分别加入稀盐酸后，1、2 号试管中的白色沉淀不消失，而 3 号试管中的白色沉淀消失，并放出气体。因此，利用硫酸钡沉淀不溶于稀盐酸，而其他钡盐沉淀溶于稀盐酸的性质，常用来鉴别 SO_4^{2-} 或 Ba^{2+}。

2）S^{2-} 的鉴别

实验：取 1 支试管，加入 1 mL 0.5 mol/L Na_2S 溶液，再加入 0.5 mL 6 mol/L HCl，将湿的 $(CH_3COO)_2Pb$ 试纸盖在瓶口上，微热。

上述实验中，Na_2S 溶液与盐酸反应生成 H_2S 气体，H_2S 与（CH_3COO）$_2Pb$ 反应生成 PbS，因此试纸变黑。此方法可用来检验 S^{2-} 离子。

3）$S_2O_3^{2-}$ 的鉴别

实验：取 1 支试管，加入 0.5 mL 0.1 mol/L $Na_2S_2O_3$ 溶液，再滴加 $AgNO_3$ 溶液至产生白色沉淀。

常利用生成物 $Ag_2S_2O_3$ 分解时颜色由白色→黄色→棕色→黑色变化的特点来检验 $S_2O_3^{2-}$ 离子。

（4）硫酸的工业制法

硫酸的工业制法主要采用接触法，在催化剂的作用下，将二氧化硫氧化为三氧化硫，再制成硫酸。

$$4FeS_2 + 11O_2 \xrightarrow{\text{高温}} 8SO_2 + 2Fe_2O_3$$

$$2SO_2 + O_2 \xrightarrow{\text{点燃}} 2SO_3$$

$$SO_3 + H_2O \Longrightarrow H_2SO_4$$

三、氮、磷及其化合物

1. 氮及其化合物

（1）氮及其氧化物

氮气是无色、无味的气体，它占空气体积的五分之四左右，在通常情况下氮气与氧气不发生反应，但在放电条件下，它们可直接化合，生成无色的一氧化氮（NO）。此外，在高温条件下，氮气也能与氧气反应生成一氧化氮。

$$N_2 + O_2 \xrightarrow{\text{放电或高温}} 2NO$$

一氧化氮不溶于水，在常温下很容易与空气中的氧气化合，生成二氧化氮（NO_2）。

$$2NO + O_2 \Longrightarrow 2NO_2$$

二氧化氮是红棕色、有刺激性气味的有毒气体，密度比空气大，易液化，易溶于水。二氧化氮溶于水时生成硝酸和一氧化氮。工业上利用这一反应原理生产硝酸。

$$3NO_2 + H_2O \Longrightarrow 2HNO_3 + NO$$

（2）氨和铵盐

氨（NH_3）是一种具有刺激性气味的无色气体，易液化，常压下冷却到 -33.4 ℃，气态氨凝结成无色液体，放出大量热。液态氨气化时要吸收大量热，而使周围温度急剧下降，所以常用作致冷剂。

氨极易溶于水，在常温常压下，1 体积水可溶解 700 体积氨，其水溶液称为"氨水"。氨水中大部分氨与水结合成一水合氨（$NH_3 \cdot H_2O$），很少一部分电离为铵根离子和氢氧根离子，所以氨水呈弱碱性，能使酚酞试液变红。氨溶于水的喷泉实验如图 7-6 所示。

$$NH_3 \cdot H_2O \Longrightarrow NH_4^+ + OH^-$$

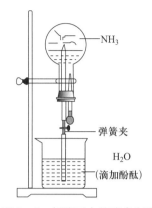

图 7-6 氨溶于水的喷泉实验

一水合氨不稳定,受热分解放出氨气:

$$NH_3 \cdot H_2O \xrightarrow{\triangle} NH_3\uparrow + H_2O$$

【趣味学习】

演示实验 取两根玻璃棒,分别在浓氨水和浓盐酸里蘸一下,将两根玻璃棒靠近。

问题 实验现象是什么?

实验表明:当两根玻璃棒靠近时,产生大量的白烟。白烟是浓氨水中挥发出的氨气和浓盐酸中挥发出的氯化氢,在空气中相遇生成微小的氯化铵晶体。

$$NH_3 + HCl = NH_4Cl$$

氨也能与硫酸、硝酸反应,生成硫酸铵、硝酸铵。铵盐是晶体,均能溶于水。受热时易分解。如:

$$NH_4HCO_3 \xrightarrow{\triangle} NH_3\uparrow + CO_2\uparrow + H_2O$$

$$NH_4Cl \xrightarrow{\triangle} NH_3\uparrow + HCl\uparrow$$

铵盐能与碱反应放出氨气。如:

$$NH_4Cl + NaOH \xrightarrow{\triangle} NaCl + NH_3\uparrow + H_2O$$

铵盐有重要的用途。大量的铵盐,如碳酸氢铵、硫酸铵等用作氮肥;硝酸铵用来制作炸药;氯化铵在医药上用作祛痰剂,也用在金属的焊接上,以除去金属表面的氧化物薄层。

(3)硝酸和硝酸盐

1)硝酸(HNO_3)是一种强酸,除具有酸的通性外,也有其特性。

硝酸具有不稳定性:纯净的硝酸或浓硝酸在常温下见光就会分解,受热时分解得更快。

$$4HNO_3 \xrightarrow{见光或加热} 4NO_2\uparrow + O_2\uparrow + 2H_2O$$

硝酸越浓,越易分解,放出红棕色的二氧化氮溶在硝酸中使溶液呈黄色。为防止硝酸分解，必须将它盛装在棕色瓶中，储存在阴凉处。

【趣味学习】

演示实验 在放有铜片的两支试管中，分别加入 1 mL 浓硝酸和稀硝酸。观察现象并记录在下表中。

试管编号	1	2
试剂	浓硝酸	稀硝酸
实验现象		

实验表明，浓硝酸与铜反应剧烈，生成红棕色气体。而稀硝酸与铜反应缓慢，生成无色气体，在试管试管口变红棕色。

$$Cu + 4HNO_3(浓) = Cu(NO_3)_2 + 2NO_2\uparrow + 2H_2O$$
$$红棕色$$
$$3Cu + 8HNO_3(稀) = 3Cu(NO_3)_2 + 2NO\uparrow + 4H_2O$$
$$无色$$

浓硝酸和稀硝酸都有氧化性。除金、铂等外硝酸几乎能与所有的金属反应。和浓硫酸一样，硝酸与金属的反应不是置换反应，而是氧化还原反应。

铝、铁等金属能溶于稀硝酸，但不溶于浓硝酸，因为这些金属表面被浓硝酸氧化，能产生钝化现象。

浓硝酸与浓盐酸的混合液（体积比为1:3）称为王水，可溶解不跟硝酸反应的金属，如铂、金。

2）硝酸盐。重要的硝酸盐有硝酸钠、硝酸钾、硝酸铵、硝酸钙、硝酸铅等，固体硝酸盐加热时能分解放出氧气；硝酸盐在高温时是强氧化剂，但其水溶液几乎没有氧化作用。

硝酸盐的主要用途是供植物吸收的氮肥，如硝酸钠和硝酸钙是很好的氮肥。硝酸钾是制黑色火药的原料。硝酸铵可作肥料，也可制炸药。

NO_3^- 的鉴别：取一支试管，分别加入 10 滴饱和硫酸亚铁溶液和 5 滴硝酸钠溶液，摇匀，然后将试管倾斜，沿着管壁慢慢滴加少量浓硫酸。实验中可看到溶液分层，分层界面处出现棕色环，用此方法可检验 NO_3^- 离子。

课堂练习7-3

38.4 mg 铜与适量的浓硝酸全部作用后，共收集到气体 22.4 mL（标准状况下），则反应消耗的硝酸的物质的量为多少？

【知识链接】

大气污染与环境保护

大气污染是指在任何大气条件下，某些物质的排放高于它们的正常标准，并对人和动植物产生有害的效应。大气污染物主要是含硫化合物、碳的氧化物、含氮化合物、烃类化合物、卤素及其化合物、农药和放射性物质及悬浮颗粒物等。

随着人类经济活动和生产的迅猛发展，工业越发达，污染物排放越严重。大气污染产生的温室效应、酸雨现象、臭氧层空洞，使自然灾害频发、水体酸化、大型建筑材料被腐蚀、自然生态受到极度破坏，地球生物直接受到太阳紫外线的辐射，破坏了人类生存的环境，也严重影响人的健康和生命安全。

凡此种种提醒人们保护环境已到了刻不容缓的地步。为了保护环境，我国政府签订了《保护臭氧层维也纳公约》，颁布了《中华人民共和国大气污染防治法》等，为环境保护提供了法律保障。

2. 磷及其化合物

（1）磷及其氧化物

纯白磷是无色透明的晶体，遇光时逐渐变为黄色，所以又称为黄磷。黄磷有剧毒，误食 0.1 g 就会中毒死亡。黄磷的燃点很低，仅为 40 ℃。将黄磷隔绝空气加热到 260 ℃就会转变成红磷。红磷是红棕色粉末，无毒，不溶于水。红磷的燃点约为 240 ℃。红磷加热到 416 ℃时就升华，它的蒸气冷却后变成白磷。红磷和白磷燃烧后都生成五氧化二磷。五氧化二磷是一种白色固体，有强烈的吸水性和脱水性，是实验室和工业上常用的干燥剂和脱水剂。

$$4P + 5O_2 \xrightarrow{\text{点燃}} 2P_2O_5$$

（2）磷酸（H_3PO_4）

纯净的磷酸是无色晶体，熔点为 42.3 ℃，高沸点酸，有吸湿性，可与水以任意比例互溶。市售磷酸试剂是一种无色黏稠状液体，磷酸含量为 83% ~ 98%。

磷酸是三元中强酸，不易挥发也不易分解。磷酸属非氧化性酸，具有酸的通性。

（3）磷酸盐

磷酸盐有 3 类：正盐（含 PO_4^{3-}）、磷酸氢盐（含 HPO_4^{2-}）、磷酸二氢盐（含 $H_2PO_4^-$）。正盐和磷酸氢盐中，除钾、钠、铵等少数盐外，其余都难溶于水，但能溶于强酸。磷酸二氢盐都易溶于水。磷酸盐常用来配制缓冲溶液，磷酸氢钙可提供人体所需的钙质和磷质。

（4）PO_4^{3-} 的检验

在装有含磷酸根离子的待测液试管中滴加 $AgNO_3$ 溶液，有黄色沉淀生成，将沉淀物分成两份，分别滴入氨水和稀 HNO_3。

实验表明，含有磷酸根离子的待测液与 $AgNO_3$ 溶液反应生成 Ag_3PO_4 黄色沉淀，此沉淀能溶于氨和稀硝酸，常用此法来检验 PO_4^{3-} 的存在。

四、碳、硅及其化合物

1. 碳及其化合物

（1）碳及活性炭

金刚石和石墨是碳的两种同素异形体。

【知识链接】

活性炭

活性炭通常是由木炭经特殊活化处理而制得的具有高吸附能力的单质碳。它被应用于防毒面具。纯净的活性炭可以入药，又称为"药用炭"，内服后能吸附胃肠中的细菌及其产生的毒气，常用于治疗各种腹泻、胃肠胀气和食物中毒。在制药工业中还常用作脱色剂和除臭剂。而在现实生活中活性炭被广泛用于室内或汽车中空气的净化。

（2）碳酸

碳酸是二氧化碳的水溶液，是二元弱酸，很不稳定，在水中分两步电离：

$$H_2CO_3 \rightleftharpoons H^+ + HCO_3^-$$

$$HCO_3^- \rightleftharpoons H^+ + CO_3^{2-}$$

（3）碳酸盐

通常碳酸盐有正盐、酸式盐两类。常见的正盐有：Na_2CO_3、K_2CO_3、$CaCO_3$等。常见的酸式碳酸盐有：NH_4HCO_3、$NaHCO_3$、$Ca(HCO_3)_2$等。

不同的碳酸盐稳定性不同，碱金属的碳酸盐较稳定。碳酸盐受热分解放出 CO_2。例如：

$$CaCO_3 \xrightarrow{\text{高温}} CaO + CO_2 \uparrow$$

酸式碳酸盐的热稳定性不如碳酸盐。例如：

$$2NaHCO_3 \xrightarrow{\triangle} Na_2CO_3 + H_2O + CO_2 \uparrow$$

碳酸盐与酸式碳酸盐都能跟酸反应，生成二氧化碳和水。例如：

$$Na_2CO_3 + 2HCl = 2NaCl + H_2O + CO_2 \uparrow$$

$$NaHCO_3 + HCl = NaCl + H_2O + CO_2 \uparrow$$

二氧化碳和水作用于碳酸盐，可使碳酸盐转变为溶解性更强的酸式碳酸盐：

$$CaCO_3 + H_2O + CO_2 = Ca(HCO_3)_2$$

如果将得到的溶液加热，会出现混浊：

$$Ca(HCO_3)_2 \xrightarrow{\triangle} CaCO_3 + H_2O + CO_2 \uparrow$$

在碳酸盐中，小苏打（$NaHCO_3$）广泛用于食品工业，还常用于制造灭火器，在医药上作为制酸药，内服可中和过多的胃酸，注射可治疗酸中毒，维持血内酸碱平衡。

2. 硅及其化合物

硅在地壳中的含量为 26.3%，仅次于氧。硅的化合物构成了地壳大部分的岩石、沙子和土壤，约占地壳的90%以上。在无机非金属材料中，它一直扮演着重要的角色。

SiO_2是硅的重要化合物，石英、水晶、玛瑙和碧玉的主要成分都是SiO_2。SiO_2的化学性质很不活泼，氢氟酸是唯一能与之反应的酸：

$$SiO_2 + 4HF \Longrightarrow SiF_4 \uparrow + 2H_2O$$

玻璃中含有SiO_2，所以用氢氟酸可以刻蚀玻璃。

SiO_2与碱性氧化物或强碱反应生成硅酸盐。硅酸盐种类繁多，其产品有陶瓷、水泥、玻璃等，它们是使用量最大的无机非金属材料。

【知识链接】

用途广泛的无机非金属材料

无机非金属材料主要是指含有二氧化硅的硅酸盐材料，如陶瓷、玻璃、砖瓦、耐火材料、水泥等。经过几十年的发展，无机非金属材料早已超出硅酸盐的范围而日趋多样化。

目前陶瓷研究的方向是研制高温陶瓷，以便它能在1 500 ℃以上的条件下工作，这在空间技术和军事技术上都有广泛用途。陶瓷研究的另一个方向是提高陶瓷的韧性，主要是陶瓷复合材料。在现代科技的催化下，古老的陶瓷技术又将开出新花。

水泥的主要成分是硅酸三钙、硅酸二钙和铝酸三钙等，广泛用于建筑工程。为有效提高水泥的性能，我国正在开发各种特殊水泥，如耐油防水的抗渗水泥、抗酸碱腐蚀的耐酸碱水泥、能阻止放射线渗透的防辐射水泥等。

§7-2 常见金属单质及化合物

 学习目标

1. 掌握碱金属、碱土金属及其化合物性质，Ba^{2+}、Ca^{2+}、Al^{3+}、Fe^{2+}、Fe^{3+}等离子的鉴别。

2. 熟悉铝、铁及重要化合物性质。

3. 了解金属的通性。

【任务引入】

在已发现的118种元素里，金属元素有90种，约占元素总数的4/5。许多金属元素早已广泛地应用在日常生活、工农业生产和国防建设中，还有一些金属元素正在被人类逐渐认识，它们的用途也正在逐步扩大。

问题 1. 谈谈你身边的金属元素有哪些？它们都有哪些用途？

2. 运用你现有的化学知识，向大家描述一个关于金属元素的小实验。

一、金属的通性

元素一般都有两种存在的形态。一种元素以单质的形态存在，叫游离态；另一种元素以化合物的形式存在，叫化合态。除金、铂等少数极不活泼金属外，大多数金属元素在自然界中以化合态存在，地球上的金属以单质（如 Ag、Pt、Au）形式存在的是极少数。地壳中含量最多的金属元素是铝，其次是铁、钙、钠。

【知识链接】

人类使用的金属

在人类社会的发展过程中，金属起着重要的作用。人类在五千年前就开始使用青铜器，三千年前开始使用铁器，20 世纪开始使用铝器。为什么人类使用金属的顺序是青铜、铁器、铝器，而不是其他顺序？

1. 金属的物理性质

大多数金属具有金属光泽，密度和硬度较大，熔点、沸点较高，具有良好的延展性和导电导热性。不同的金属又有自己的特性，如铁、铝大多数金属都是呈银白色，但铜呈紫红色，金呈黄色，细铁粉、银粉是黑色的。常温下多数金属都是固体，但汞是液体。

2. 金属的化学性质

绝大多数金属元素的原子最外层有 $1 \sim 3$ 个电子，化合态金属元素只有正化合价。在化学反应中，金属单质一般容易失去外层电子而表现出还原性，大多数金属容易与氧、硫、卤素等较活泼的非金属作用，生成相应的化合物，活泼金属甚至还能与水或酸反应，从而置换出水或酸中的氢。金属活动性顺序表如下：

$$K \quad Ca \quad Na \quad Mg \quad Al \quad Zn \quad Fe \quad Sn \quad Pb \quad (H) \quad Cu \quad Hg \quad Ag \quad Pt \quad Au$$

从左往右金属活动性依次减弱

金属与酸的反应：活动性排在氢前的金属元素与酸反应能置换出酸里的氢，得到盐和氢气。如：

$$Zn + H_2SO_4 （稀） = ZnSO_4 + H_2 \uparrow$$
$$Fe + 2HCl = FeCl_2 + H_2 \uparrow$$

与盐反应（金属之间的置换反应）：排在前面的金属能把排在后面的金属从其盐溶液中置换出来。如：

$$2Al + 3CuSO_4 = Al_2 (SO_4)_3 + 3Cu$$
$$Cu + 2AgNO_3 = Cu (NO_3)_2 + 2Ag$$

二、碱金属及其化合物

碱金属是指在元素周期表中ⅠA族除氢（H）外的6个金属元素，即锂（Li）、钠（Na）、钾（K）、铷（Rb）、铯（Cs）、钫（Fr）。氢（H）虽然属于ⅠA族，但显现的化学性质和碱金属相差甚远，因此不被认为是碱金属。

大多数碱金属有多种用途。铷或铯的原子钟是碱金属最著名的应用之一，其中以铯原子钟最为精准；钠化合物较为常见的一种用途是制作钠灯，是一种高效光源；钠和钾是生物体中的电解质，具有重要的生物学功能，属于膳食矿物质。

碱金属一般保存在煤油中，但锂的密度小于煤油而保存在液体石蜡中。碱金属单质硬度不大，易用小刀切割，但锂不易用小刀切割。碱金属单质与水反应生成碱和氢气，碱金属氧化物与水反应生成氢氧化物，与酸性氧化物反应生成盐。

$$2Na + 2H_2O = 2NaOH + H_2 \uparrow$$
$$2K + 2H_2O = 2KOH + H_2 \uparrow$$
$$Na_2O + H_2O = 2NaOH$$
$$Na_2O + CO_2 = Na_2CO_3$$

在碱金属元素形成的各类化合物中，碱金属硫酸盐中以硫酸钠最为常见，十水合硫酸钠（$Na_2SO_4 \cdot 10H_2O$）俗称芒硝，用于相变储热；无水硫酸钠（Na_2SO_4）俗称元明粉，用于玻璃、陶瓷工业及制取其他盐类。碱金属的硝酸盐在加强热时分解为亚硝酸盐。硝酸钾（KNO_3）和硝酸钠（$NaNO_3$）是常见的硝酸盐，可用作氧化剂。所有碱金属都能形成过氧化物，除锂外，其他碱金属可以直接化合得到过氧化物如过氧化钠（Na_2O_2），碱金属的过氧化物呈淡黄色。

过氧化物中的氧元素以过氧阴离子的形式存在，能与水反应生成氢氧化物和过氧化氢，由于反应大量放热，生成的过氧化氢会迅速分解产生氧气。

$$Na_2O_2 + 2H_2O = 2NaOH + H_2O_2$$
$$2H_2O_2 = 2H_2O + O_2 \uparrow$$

三、碱土金属及其化合物

碱土金属指元素周期表中ⅡA族元素，包括铍（Be）、镁（Mg）、钙（Ca）、锶（Sr）、钡（Ba）、镭（Ra）6种元素。其中铍属于轻稀有金属，镭是放射性元素。碱土金属在化学反应中易失电子，形成+2价阳离子，表现强还原性。钙、镁和钡在地壳内蕴藏较丰富，它们的单质和化合物用途较广泛。

碱土金属中除铍外都是典型的金属元素，其单质为灰色至银白色金属，硬度比碱金属略大，导电、导热能力好，容易同空气中的氧气、水蒸气、二氧化碳作用，在表面形成氧化物和碳酸盐，失去光泽。碱土金属的氧化物熔点较高，氢氧化物显较强的碱性（氢氧化铍显两性），其盐类中除铍外，皆为离子晶体，但溶解度较小。在自然界中，碱土金属都以化合物的形式存在，钙、锶、钡可用焰色反应鉴别。由于它们的性质很活泼，一般只能用电解方法制取。由于钙、锶、钡的氧化物在性质上既具有碱性又具有"土"性（化学史上曾把在水中溶解度不大而又难熔融的金属氧化物称为"土"性），因此 ⅡA 族元素又被称为碱土金属。

碱土金属最外电子层上有两个价电子，易失去而呈现 +2 价，是化学活泼性较强的金属，能与大多数的非金属反应，所生成的盐多半很稳定，遇热不易分解，在室温下也不发生水解反应。它们与其他元素化合时，一般生成离子型的化合物。但 Be^{2+} 和 Mg^{2+} 离子具有较小的离子半径，在一定程度上容易形成共价键的化合物。钙、锶、钡及其化合物的化学性质，随着它们原子序数的递增而有规律地变化。碱土金属的离子为无色的，其盐类大多是白色固体，和碱金属的盐不同，碱土金属的盐类（如硫酸盐、碳酸盐等）溶解度都比较小。实验室常将二氧化碳气体通入澄清饱和石灰水中，看能否将澄清石灰水变混浊来鉴别二氧化碳气体存在与否。反应方程式为：

$$Ca(OH)_2 + CO_2 === CaCO_3\downarrow + H_2O$$

碱土金属（铍除外）在空气中加热时，发生燃烧，产生光耀夺目的火光，形成氧化物（钡形成过氧化物）。碱土金属在高温火焰中燃烧产生的特征颜色，可用于这些元素的鉴定。与水作用时（铍不与水反应），放出氢气，生成氢氧化物，碱性比碱金属的氢氧化物弱，但钙、锶、钡的氢氧化物仍属强碱。铍表面生成致密的氧化膜，在空气中不易被氧化，跟水也不反应。镁跟热水反应，钙、锶和钡易与冷水反应。钙、锶和钡也能与氢气反应。在空气中，镁表面生成一薄层氧化物，这层氧化物致密而坚硬，对内部的镁有保护作用，所以有抗腐蚀性能，可以保存在干燥的空气里。钙、锶、钡等更易被氧化，生成的氧化物疏松，内部的金属会继续被氧化，所以钙、锶、钡等金属要密封保存。镁、钙与水反应方程式如下：

$$Mg + 2H_2O \xrightarrow{\triangle} Mg(OH)_2 + H_2\uparrow$$
$$Ca + 2H_2O === Ca(OH)_2 + H_2\uparrow$$

钙离子的鉴别：在弱酸性条件下，Ca^{2+} 和草酸铵 $(NH_4)_2C_2O_4$ 试剂生成白色沉淀。

$$Ca^{2+} + C_2O_4^{2-} === CaC_2O_4\downarrow$$
$$\text{白色}$$

钡离子的鉴别：Ba^{2+} 与 H_2SO_4 试剂反应生成白色 $BaSO_4$ 沉淀，不溶于稀盐酸。

$$Ba^{2+} + SO_4^{2-} === BaSO_4\downarrow$$
$$\text{白色}$$

四、铝、铁及重要化合物

铝是一种金属元素，元素符号为 Al，原子序数为 13。铝元素在地壳中的含量仅次于氧和硅，居第三位，是地壳中含量最丰富的金属元素。铝是活泼金属，难溶于水，在常温下与空气中氧气反应在铝的表面形成厚约 50 埃（1 埃 = 0.1 纳米）的致密氧化膜，使铝不会进一步氧化，这种现象叫钝化；铝粉在空气中加热能猛烈燃烧，并发出炫目的白色火焰；熔融的铝能与水猛烈反应。铝是两性的，极易溶于强碱如氢氧化钠、氢氧化钾，也能溶于强酸如稀硫酸、硝酸、盐酸。

与酸反应：$2Al + 6HCl \xlongequal{} 2AlCl_3 + 3H_2 \uparrow$

与碱反应：$2Al + 2NaOH + 2H_2O \xlongequal{} 2NaAlO_2 + 3H_2 \uparrow$

与非金属反应：$4Al + 3O_2 \xlongequal{\text{点燃}} 2Al_2O_3$

氧化铝（Al_2O_3）是一种难溶于水的白色粉末状固体，是典型的两性氧化物。

$$Al_2O_3 + 6HCl \xlongequal{} 2AlCl_3 + 3H_2O$$

$$Al_2O_3 + 2NaOH \xlongequal{} 2NaAlO_2 + H_2O$$

自然界中存在天然纯净的无色氧化铝晶体，俗称刚玉，其硬度大，仅次于金刚石，常用于制造砂轮、机器轴承、耐火材料等。刚玉中含有微量氧化铬时为红宝石，含有铁和钛的氧化物时为蓝宝石。

氢氧化铝〔$Al(OH)_3$〕是不溶于水的白色胶状物质。它能凝聚水中的悬浮物，又有吸附色素的性能。氢氧化铝是两性氢氧化物，既能与强酸反应，也能与强碱反应。氢氧化铝沉淀可溶于氢氧化钠，但不溶于氨水。

$$Al(OH)_3 + 3HCl \xlongequal{} AlCl_3 + 3H_2O$$

$$Al(OH)_3 + NaOH \xlongequal{} NaAlO_2 + 2H_2O$$

氢氧化铝是胃舒平等胃药的主要成分，可用于治疗胃溃疡或胃酸过多，还可用作净水剂。

课堂练习 7-4

在 500 mL NaOH 溶液中加入足量铝粉，反应完全后共收集到标准状况下的气体 33.6 L，该 NaOH 溶液的浓度为（　　　　）。

A. 1.0 mol/L　　　　B. 2.0 mol/L　　　　C. 1.5 mol/L　　　　D. 3.0 mol/L

铁是一种金属元素，元素符号为 Fe，原子序数为 26，平均相对原子质量为 55.845。纯铁是白色或者银白色的，有金属光泽。能溶于强酸和中强酸，不溶于水。铁有 0 价、+2 价、+3 价、+4 价、+5 价和 +6 价，其中 +2 价和 +3 价较常见，+4 价、+5 价和 +6 价少见。铁在生活中分布较广，占地壳含量的 4.75%，仅次于氧、硅、铝，位居地壳含量第四。纯铁是柔韧而延展性较好的银白色金属，用于制发电机和电动机的铁芯，铁及其化合物还用于制磁铁、药物、墨水、颜料、磨料等，是工业上所说的"黑色金属"之一（另外两种是铬和锰）。

铁是比较活泼的金属，在金属活动顺序表里排在氢的前面，化学性质比较活泼，是一种良好的还原剂。铁在空气中不能燃烧，在氧气中却可以剧烈燃烧。在高温时，铁在纯氧中燃烧，剧烈反应，火星四射，生成 Fe_3O_4，Fe_3O_4 可以看成是 $FeO \cdot Fe_2O_3$。应注意，铁在氧气中燃烧火星四射的原因是铁丝中通常含有少量碳元素，而纯铁燃烧几乎不会有火星四射的现象。反应方程式为：

$$3Fe + 2O_2 \xrightarrow{\text{点燃}} Fe_3O_4$$

一般情况下，铁与稀硫酸反应生成硫酸亚铁，有气泡产生。实际情况下则较复杂。但铁遇冷的浓硫酸或浓硝酸会钝化，生成致密的氧化膜（主要成分为 Fe_3O_4），故可用铁器装运浓硫酸和浓硝酸，反应方程式为：

$$3Fe + 4H_2SO_4(\text{浓}) \Longrightarrow Fe_3O_4 + 4SO_2\uparrow + 4H_2O$$

铁的氢氧化物中，氢氧化亚铁 $[Fe(OH)_2]$ 极不稳定，在空气中被氧化成棕红色的氢氧化铁 $[Fe(OH)_3]$，二者都不溶于水，但都可溶于酸。

$$4Fe(OH)_2 + O_2 + 2H_2O \Longrightarrow 4Fe(OH)_3\downarrow$$
$$\text{棕红色}$$

硫酸亚铁（$FeSO_4$）为白色粉末，带结晶水的 $FeSO_4 \cdot 7H_2O$ 为绿色晶体，俗称绿矾。硫酸亚铁在空气中易被氧化为黄褐色碱式硫酸铁 $[Fe(OH)SO_4]$，亚铁盐也是分析上常用的还原剂。

Fe^{2+} 和 Fe^{3+} 的检验：Fe^{2+} 可用铁氰化钾 $K_3[Fe(CN)_6]$ 检验，生成滕氏蓝沉淀。

$$3Fe^{2+} + 2[Fe(CN)_6]^{3-} \Longrightarrow Fe_3[Fe(CN)_6]_2$$
$$\text{滕氏蓝}$$

Fe^{3+} 可用亚铁氰化钾 $K_4[Fe(CN)_6]$ 检验，生成普鲁士蓝沉淀，也可用硫氰化铵（NH_4SCN）或硫氰化钾（$KSCN$）检验，溶液中立即出现红色的硫氰化铁。

$$4Fe^{3+} + 3[Fe(CN)_6]^{4-} \Longrightarrow Fe_4[Fe(CN)_6]_3\downarrow$$
$$\text{普鲁士蓝}$$

$$Fe^{3+} + 6SCN^- \Longrightarrow [Fe(SCN)_6]^{3-}$$
$$\text{红色}$$

课堂练习 7 - 5

除去镁粉中混有的少量铝粉，可选用的试剂是（ ）。

A. 稀盐酸 B. 稀硫酸

C. 氢氧化钠溶液 D. 氨水

实训七　常见阴、阳离子的检验

一、实训目的

1. 通过特性反应对 X^-、S^{2-}、$S_2O_3^{2-}$、SO_4^{2-}、PO_4^{3-}、CO_3^{2-}、NO_3^-、Ca^{2+}、Al^{3+}、Fe^{2+}、Fe^{3+}、NH_4^+、Ba^{2+} 等离子进行鉴别。

2. 通过实验提高实验技能，加深对理论知识的理解和掌握。

二、器材准备

1. 仪器

试管、试管架、滴管、铂丝环、酒精灯、表面皿、烧杯、白滴板等。

2. 试剂

氯水、CCl_4、Na_2S 溶液、$Na_2S_2O_3$ 溶液、Na_2SO_4 溶液、$BaCl_2$ 溶液、Na_3PO_4 溶液、Na_2CO_3 溶液、饱和 $FeSO_4$ 溶液、$NaNO_3$ 溶液、$CaCl_2$ 溶液、$AlCl_3$ 溶液、$FeCl_2$ 溶液、$FeCl_3$ 溶液、氯化铵溶液、饱和 $(NH_4)_2C_2O_4$ 溶液、稀 H_2SO_4、浓 H_2SO_4、稀盐酸、稀硝酸、酸性高锰酸钾溶液、石灰水、0.1 mol/L NaCl 溶液、0.1 mol/L NaBr 溶液、0.1 mol/L NaI 溶液、0.1 mol/L $AgNO_3$ 溶液、6 mol/L HNO_3、6 mol/L 盐酸、6 mol/L 氢氧化钠溶液、6 mol/L 氨水、质量分数 0.1% 铝试剂（商品称阿罗明拿）、3 mol/L CH_3COONH_4、质量分数 10% 的 $K_3[Fe(CN)_6]$、质量分数 10% 的 $K_4[Fe(CN)_6]$ 等。

3. 试纸　$Pb(AC)_2$ 试纸、红色石蕊试纸。

三、实训内容与步骤

Cl^- 的鉴别：取 2 支试管分别加入 0.1 mol/L NaCl 溶液 2 mL，然后各加入 0.1 mol/L $AgNO_3$ 3~4 滴，观察现象。其中一支试管加入 5 滴 6 mol/L HNO_3，另一支试管加入 5 滴 6 mol/L 氨水，观察沉淀是否溶解。

Br^- 的鉴别：取 2 滴 0.1 mol/L NaBr 溶液，加入数滴 CCl_4，滴入氯水，振荡，有机层显红棕色或金黄色，表示有 Br^-。

I^- 的鉴别：取 2 滴 0.1 mol/L NaI 溶液，加入数滴 CCl_4，滴加氯水，振荡，有机层显紫色，表示有 I^-。

S^{2-} 的鉴别：取 3 滴 Na_2S 溶液，加稀 H_2SO_4 酸化，用 $(CH_3COO)_2Pb$ 试纸检验放出的气体，试纸变黑，表示有 S^{2-}。

$S_2O_3^{2-}$ 的鉴别：取 3 滴 $Na_2S_2O_3$ 溶液，加入 3 滴 0.1 mol/L $AgNO_3$ 溶液，摇动，白色沉淀迅速变黄、变棕、变黑，表示有 $S_2O_3^{2-}$。

$$2Ag^+ + S_2O_3^{2-} =\!=\!= Ag_2S_2O_3 \downarrow$$

$$Ag_2S_2O_3 + H_2O =\!=\!= H_2SO_4 + Ag_2S \downarrow$$

SO_4^{2-} 的鉴别：在试管中加入 Na_2SO_4 溶液 2 mL，滴加 5 滴 $BaCl_2$ 溶液，有白色沉淀析出。再滴加少量 6 mol/L 盐酸并加热，观察白色沉淀是否溶解。

PO_4^{3-} 的鉴别：取 3 滴 Na_3PO_4 溶液，加 3 滴 0.1 mol/L $AgNO_3$ 溶液，有黄色沉淀产生。再滴加 6 mol/L HNO_3，观察现象。

CO_3^{2-} 的鉴别：向 Na_2CO_3 溶液中加入足量的稀盐酸，产生的气体通过足量的酸性高锰酸钾溶液后再通入澄清石灰水，澄清石灰水变混浊。向过滤后的滤渣中加入稀硝酸，沉淀放出 CO_2，向滤液中加入稀盐酸，不生成 CO_2，则只含有碳酸根离子。

NO_3^- 的鉴别：在小试管中滴加 10 滴饱和 $FeSO_4$ 溶液、5 滴 $NaNO_3$ 溶液，然后斜持试管，沿着管壁慢慢滴加浓 H_2SO_4，由于浓 H_2SO_4 密度比水大，沉到试管下面形成两层，在两层液体接触处（界面）有一棕色环（配合物 $Fe(NO)SO_4$ 的颜色），表示有 NO_3^-：

$$3Fe^{2+} + NO_3^- + 4H^+ == 3Fe^{3+} + NO + 2H_2O$$

$$Fe^{2+} + NO + SO_4^{2-} == Fe(NO)SO_4$$

Ca^{2+} 的鉴别：取 2 滴 $CaCl_2$ 溶液，滴加饱和（NH_4）$_2C_2O_4$ 溶液，有白色的 CaC_2O_4 沉淀形成，表示有 Ca^{2+}。

Al^{3+} 的鉴别：取 1 滴 $AlCl_3$ 溶液，加 2~3 滴水，加 2 滴 3 mol/L CH_3COONH_4 溶液，2 滴铝试剂，搅拌，微热片刻，加 6 mol/L 氨水至碱性，红色沉淀不消失，表示有 Al^{3+}。

Fe^{2+} 的鉴别：取 1 滴 $FeCl_2$ 溶液在白滴板上，加 1 滴 10% $K_3[Fe(CN)_6]$ 溶液，出现蓝色沉淀，表示有 Fe^{2+}。

Fe^{3+} 的鉴别：取 1 滴 $FeCl_3$ 溶液放在白滴板上，加 1 滴 10% $K_4[Fe(CN)_6]$ 溶液，生成蓝色沉淀，表示有 Fe^{3+}

NH_4^+ 的鉴别：在表面皿的中央滴 5 滴氯化铵溶液，再滴加 6 mol/L 氢氧化钠溶液到碱性。混均匀后用沾有红色湿润石蕊试纸的表面皿覆盖，放在水浴中微热，石蕊试纸变成蓝色，说明原溶液里有 NH_4^+。

Ba^{2+} 的鉴别：在试管中加入 $BaCl_2$ 溶液 2 mL，滴加 5 滴 Na_2SO_4 溶液，观察现象，有白色沉淀析出。再滴加少量 6 mol/L 盐酸并加热，观察白色沉淀是否溶解。

注意事项：

（1）看清楚试剂瓶上的标签再取用试剂，取用后胶头滴管立即放回原试剂瓶。

（2）加热试管中液体时要小心操作，不能将试管口朝向他人或自己。

（3）实验后的废液倒入指定的废液桶，统一处理。

四、实训测评

1. 已知某试液中存在 SO_4^{2-}、Cl^-、NO_3^- 离子，下列阳离子中哪些不可能共存，NH_4^+、Ba^{2+}、Cr^{3+}、Mg^{2+}、Ag^+、Fe^{2+}、Fe^{3+}？

2. 配制 $FeSO_4$ 溶液时，常加些 H_2SO_4 及铁钉。试说明其原因。

3. 在氧化性、还原性实验中，稀 HNO_3、稀 HCl 和浓 H_2SO_4 是否可以代替稀 H_2SO_4 酸化试液，为什么？

知识回顾

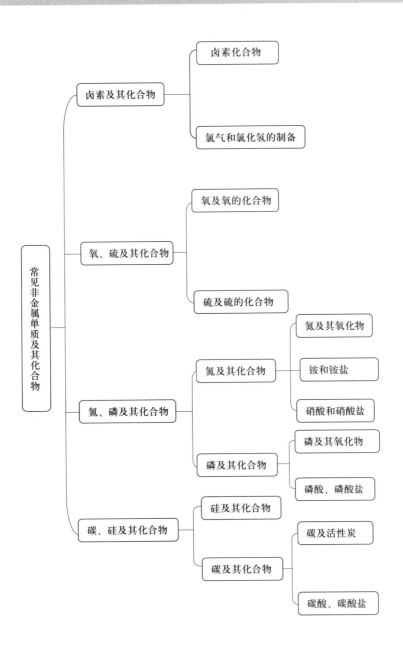

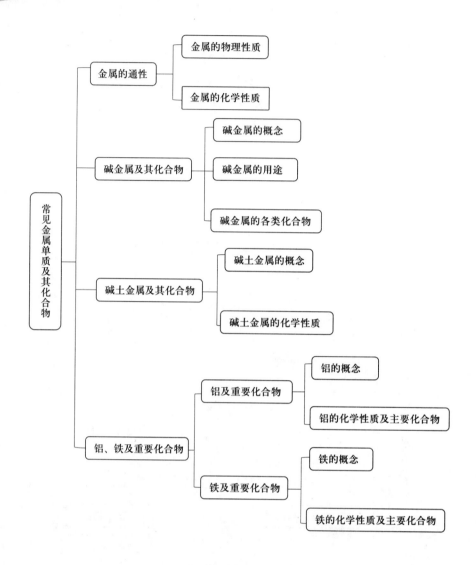

目标检测

一、单项选择题

1. 卤族元素是指元素周期表中第ⅦA族元素，不包括（　　）。

A. F　　　　　　　　B. Cl　　　　　　　　C. Br　　　　　　　　D. Fe

2. 卤素单质的活泼性和非金属性强弱顺序为（　　）。

A. $F_2 > Cl_2 > Br_2 > I_2$　　　　　　　　B. $F_2 > Br_2 > Cl_2 > I_2$

C. $F_2 > I_2 > Br_2 > Cl_2$　　　　　　　　D. $F_2 < Cl_2 < Br_2 < I_2$

3. 与氯化氢一样，氟化氢、溴化氢、碘化氢均为无色气体，都易溶于水，溶于水后便成为酸，分别称为氢氟酸、氢溴酸、氢碘酸，它们和盐酸一样都具有酸的通性，酸性强弱顺序为（　　）。

  A. $HBr > HI > HCl > HF$

  B. $HI > HBr > HCl > HF$

  C. $HI < HBr < HCl < HF$

  D. $HI > HCl > HBr > HF$

4. 漂白粉是次氯酸钙、氯化钙和氢氧化钙的混合物，（　　）是其有效成分，也称漂白精。

  A. $CaCl_2$
  B. $CaCO_3$
  C. $Ca(ClO)_2$
  D. $Ca(OH)_2$

5. 实验室制备氯化氢用到的药品是（　　）。

  A. NaOH 固体和浓硫酸

  B. NaCl 固体和稀盐酸

  C. NaCl 固体和浓硝酸

  D. NaCl 固体和浓硫酸

6. 常利用生成物 $Ag_2S_2O_3$ 分解时颜色由（　　）变化的特点来检验 $S_2O_3^{2-}$ 离子。

  A. 白色→棕色→黄色→黑色

  B. 黑色→黄色→棕色→白色

  C. 白色→黄色→棕色→黑色

  D. 白色→黑色→棕色→黄色

7. 二氧化氮是红棕色、有刺激性气味的有毒气体，（　　），易溶于水。

  A. 密度比空气大，易液化

  B. 密度比空气小，易液化

  C. 密度比空气大，不易液化

  D. 密度比空气大，易燃烧

8. 下列气体中，既有毒性又有颜色的是（　　）。

  A. N_2
  B. CO_2
  C. Cl_2
  D. CO

9. Cl_2 和 SO_2 都具有漂白作用，能使品红溶液褪色。若将等物质的量的 Cl_2、SO_2 混合再通入品红与 $BaCl_2$ 的混合溶液，能观察到的现象是（　　）。

①溶液很快褪色　②溶液不褪色　③出现沉淀　④不出现沉淀

  A. ①②
  B. ①③
  C. ②③
  D. ②④

10. 下列物质中，既可与盐酸反应，又可与氢氧化钠溶液反应的是（　　）。

①Na_2SiO_3　②$AlCl_3$　③NH_4HCO_3　④Al_2O_3　⑤$NaHSO_4$

  A. ①②④
  B. ②③⑤
  C. ②③
  D. ③④

11. 下列关于浓 HNO_3 与浓 H_2SO_4 的叙述正确的是（　　）。

  A. 常温下都可以用铁制容器储存

  B. 常温下都能与铜较快反应

  C. 露置在空气中，溶液质量均减轻

  D. 露置于空气中，溶液浓度均减小，原因相似

12. 下列金属需密封保存的是（　　）。

  A. Na
  B. Mg
  C. Al
  D. Cu

13. 下列酸在与金属反应时，不产生氢气的是（　　）。

  A. 稀硫酸
  B. 稀盐酸
  C. 浓盐酸
  D. 稀硝酸

14. 下列说法正确的是（　　）。

  A. 铜的化学性质活泼，不宜用铜制作盛放食品的器皿

B. 铜的导电能力不如铝

C. 铝是地壳中含量最多的金属元素

D. 铁比铝更易锈蚀，是因为铁比铝更活泼

15. 铁处于周期表的（　　　）。

A. 第三周期ⅧB 族　　　　　　　　　　B. 第三周期Ⅷ族

C. 第四周期ⅧA 族　　　　　　　　　　D. 第四周期Ⅷ族

16. 由于被空气中 O_2 氧化而变黄色的是（　　　）。

A. 浓 HNO_3 久置变黄色　　　　　　　B. Fe^{3+} 溶液久置变黄色

C. KI 溶液久置变黄色　　　　　　　　D. 工业盐酸呈黄色

17. 下列气体中，不会造成空气污染的是（　　　）。

A. N_2　　　　　　B. Cl_2　　　　　　C. NO_2　　　　　　D. SO_2

18. 碱金属和碱土金属分别位于周期表的（　　　）族。

A. ⅠB 和ⅡB　　　B. ⅠA 和ⅡA　　　C. ⅥA 和ⅦA　　　D. ⅠA 和ⅡB

19. 下列关于氢氧化铝的叙述错误的是（　　　）。

A. 氢氧化铝是一种不溶于水的白色胶状物质

B. 氢氧化铝是两性氢氧化物

C. 氢氧化铝能凝聚水中的悬浮物，并能吸附色素

D. 氢氧化铝既能溶于氢氧化钠、盐酸，又能溶于氨水

20. 在 $FeSO_4$ 溶液中混有 $Fe_2(SO_4)_3$ 和 $CuSO_4$ 杂质，除去这些杂质可加入（　　　）。

A. 铁粉　　　　　B. $BaCl_2$　　　　　C. NaOH　　　　　D. 锌粉

21. 氢氧化铝是胃舒平等胃药的主要成分，可用于治疗胃酸过多，这是利用氢氧化铝的（　　　）。

A. 还原性　　　　　B. 弱酸性　　　　　C. 弱碱性　　　　　D. 氧化性

二、填空题

1. 高氯酸（$HClO_4$）是无机酸中_____最强的酸，也是酸性最强的无机酸。_____也是一种强氧化剂，能杀死水中的细菌，常用于自来水的消毒。次氯酸能使染料等有机物氧化而褪色，也可作_____。

2. 氯气的制备需要用到的仪器为铁架台（带铁圈铁夹）、酒精灯、双孔塞、_____、_____、_____、_____。

3. 氯气微溶于水且比空气重，故用_____法收集。氯气有毒，污染空气，故用_____溶液吸收。氯气可用_____检验。

4. _____和_____都是氧元素的不同单质，其分子中含有的氧原子的个数_____。由同种元素形成的性质不同的单质，称为这种元素的_____。

5. 臭氧有较强的氧化性，可以消毒杀菌，也可以使某些染料褪色，因此用于_____和_____。用臭氧代替氯气消毒饮用水，杀菌能力强，而且消毒后无异味。

6. 过氧化氢同水一样也是氧的_____，纯的过氧化氢是无色的_____。过氧化氢能以任意比例与水混溶，其水溶液俗称_____。

7. _____是无色、有臭鸡蛋气味的气体，能溶于水。常温常压下，1 体积水溶解 2.6 体积的该气体，该水溶液称为_____。

8. 金属具有_____、_____、有金属光泽、_____、不易燃烧等特点。

9. 过氧化物中的氧元素以过氧阴离子的形式存在，能与水反应生成氢氧化物和_____，由于反应大量放热，生成的过氧化氢会迅速分解产生_____。

10. 碱土金属是指元素周期表中ⅡA族元素，包括铍（Be）、_____钙（Ca）、_____、_____、镭（Ra）6 种元素。

三、判断题

1. 氧化物是指由两种元素组成，其中一种元素是氧元素的化合物。根据化学性质不同，氧化物可分为酸性氧化物和碱性氧化物两大类。　　　　　　　　　　　　（　　）

2. 碘固体在常压下加热，不经过熔化就可直接变成紫色的碘蒸气，这种现象称为升华。人们常利用碘的升华来提纯碘。　　　　　　　　　　　　　　　　　　（　　）

3. 大多数金属卤化物易溶于水，而卤化银难溶于水，且溶于稀硝酸。　　（　　）

4. 先用饱和食盐水吸收氯气中混有的氯化氢气体，再用浓硫酸干燥氯气。（　　）

5. 常温下，纯净的臭氧为淡紫色气体，比氧气易溶于水，不稳定，常温下慢慢分解生成氧气。　　　　　　　　　　　　　　　　　　　　　　　　　　　　　　（　　）

6. 硫俗称硫黄，是一种黄色晶体，不溶于水，易溶于二硫化碳。硫能与氢气、氧气等非金属及多种金属化合。　　　　　　　　　　　　　　　　　　　　　　　（　　）

7. 硫化氢有剧毒，少量吸入后可引起头痛、晕眩，大量吸入可使人昏迷甚至死亡。

（　　）

8. 钠化合物较为常见的一种用途是制作钠灯，是一种高效光源。　　　（　　）

9. 碱土金属最外电子层上有两个价电子，易失去而呈现 +2 价，是化学活泼性较强的金属，能与大多数的非金属反应，所生成的盐多半很稳定，遇热不易分解，在室温下也不发生水解反应。　　　　　　　　　　　　　　　　　　　　　　　　　　（　　）

10. 铝是一种金属元素，元素符号为 Al，原子序数为 14。铝元素在地壳中的含量仅次于氧和硅，居第三位，是地壳中含量最丰富的金属元素。　　　　　　　　　（　　）

四、简答题

1. 实验室制氯化氢的主要实验步骤是什么？

2. 浓硫酸的特性是什么？

3. 金属的物理性质是什么？

4. 铁在氧气中燃烧火星四射的原因是什么？

五、综合题

1. 在实验室中常用质量分数为 65%，密度为 1.4 g/cm³ 的浓硝酸，计算：此浓硝酸中 HNO_3 的物质的量浓度为多少？配制 100 mL 3 mol/L 的硝酸，所需浓硝酸的体积为多少？

2. 往两个烧杯中分别倒入 50 g 质量分数 18% 的盐酸和 50 g 质量分数 10% 的盐酸，然后各加入 10 g 碳酸钙。通过计算说明，待反应完全后，烧杯中物质的质量是否相等？

3. 取一定质量的铁和金的混合物加入足量稀硫酸，充分反应后，放出 0.2 g 氢气，剩余固体质量为 0.1 g。求混合物中铁的质量是多少？求混合物中金的质量分数是多少？

4. 工业上可利用铝和氧化铁在高温下发生置换反应制得铁来焊接钢轨。若用足量铝与 48 kg 氧化铁反应，理论上可制得铁的质量是多少？

5. 一包质量为 23.24 g 粉末，它是由 $NaCl$、$CuSO_4$、Na_2O_2、K_2CO_3、$(NH_4)_2SO_4$、Na_2SO_4、KNO_3 七种物质中的某几种混合而成的。为测定其组成，进行以下实验：

（1）将粉末投到足量的蒸馏水中，得到无色溶液与气体，加热使反应完全，共收集到气体 3.36 L（标准状况下）。

（2）将所得溶液分成两等份，一份加入酚酞溶液显红色，用浓度为 4 mol/L 的盐酸中和，用去盐酸 12.5 mL。

（3）将另一份用稀硝酸酸化，无气体产生，再加入过量的硝酸钡溶液得到白色沉淀，质量为 12.815 g。滤液中加入硝酸银溶液，无可见现象。

（4）所得 3.36 L 气体，通过浓硫酸，气体体积明显减少，再通过碱石灰，气体体积不变。

试根据以上实验现象推断：粉末由哪些物质组成？质量各是多少克？

附录一

无机化学实验常用仪器

仪器名称	规格和用途	注意事项
试管	试管分普通试管、具支试管、离心试管等多种，普通试管常见规格为 15 mm × 150 mm、18 mm × 180 mm、20mm × 200 mm； 用于少量试剂反应， 用于少量气体收集， 用于少量物质溶解	液体不超过二分之一，加热时不超过三分之一，加热前需要预热，加热时手持需用试管夹，管口不对人； 加热液体时管口向上倾斜，加热固体时，管口略向下倾斜
试管架	木制架子或竹制架子，有 6 孔和 12 孔两种； 用于放置试管	有柱的可将洗净试管倒放，以便晾干
试管夹	一般为木制或竹制，用于夹持试管进行化学反应	使用时，从试管底部套入，夹在距试管口三分之一处或中上部。夹完以后，手立即放到长柄处。取下时，一样从下端取下，始终不接触管口； 加热试管时需不停地振荡试管，使受热均匀； 防止腐蚀灼烧
试管刷	匹配不同大小的试管也分为不同大小； 用来清洁试管或管状仪器，提高光洁度	手持部分可弯曲； 使用时插入试管，通过旋转和往复抽拔达到清洁效果
研钵	有瓷质、玻璃和玛瑙研钵，其规格以口径表示，常用 60 mm 和 90 mm 两种； 用于研磨固体物质或进行粉末状固体的混合	研磨时，研钵应放在不易滑动的物体上，研杵应保持垂直，研钵中盛放固体的量不得超过其容积的三分之一； 大块的固体先压碎再研磨，不能用研杵直接捣碎； 易爆物质只能轻轻压碎，不能研磨； 洗涤研钵时，应先用水冲洗，耐酸腐蚀的研钵可用稀盐酸洗涤

仪器名称	规格和用途	注意事项
药匙	通常由金属、牛角或者塑料制成，两头各有一个勺，一大一小； 用于取用粉末状或小颗粒状的固体试剂的工具	不能用药匙取用热药品，也不要接触酸、碱溶液； 粉末状药品的取用，操作要领是"一斜、二送、三直立"，即先将试管倾斜，把盛药品的药匙小心地送入试管底部，再使试管直立起来； 取用药品后，应及时用纸把药匙擦干净
烧杯	主要规格包括 50、100、250、500、1 000 mL 等； 用于配制、浓缩、稀释溶液； 用作较大量试剂发生反应的容器； 加热液体，盛放液体	盛装液体时不超过总量的三分之二，加热时不超过二分之一； 玻璃棒引流时沿容器壁流下； 加热时需垫石棉网，且不可蒸干溶液
玻璃棒	搅拌加速溶质溶解； 过滤时引流； 蒸发结晶少量溶液； 转移固体或者液体	搅拌时不要太用力，以免玻璃棒或容器破裂； 搅拌时要以一个方向搅拌； 搅拌时不要碰撞容器壁、容器底，不要发出响声
石棉网	加热时垫在受热仪器和热源之间，可使受热体均匀受热	使用前检查石棉网是否完好，石棉脱落不能使用； 石棉网不可卷折； 使用者注意防止石棉纤维吸入鼻腔
铁架台、铁圈和铁夹	固定或放置反应装置； 铁圈可代替漏斗架用于过滤； 铁圈有大小分别； 铁夹分为烧瓶夹和冷凝管夹，夹持玻璃仪器可垫纸或布	铁架台可配合使用铁圈、烧瓶夹、蝶形夹、冷凝管夹等附加器械； 注意保持铁架台重心，防止倾倒； 用铁架台夹持仪器时，应由下向上逐个调整固定； 注意防锈，不要让酸、碱液滴洒在铁架台上，使用完毕应擦干放置在干燥处
酒精灯	一般分为 60、150、250 mL 三种规格； 常用作热源，加热温度达到 400～1 000 ℃以上	酒精装量不超过总容积的三分之二，不少于四分之一； 加热时使用外焰加热； 熄灭时不能用嘴吹，可用灯帽盖灭火焰； 禁止两只酒精灯互相引燃，防止酒精倾出而引起燃烧； 禁止向燃着的灯内添加酒精

续表

仪器名称	规格和用途	注意事项
蒸发皿	常用规格根据口径大小有 6、9、12、18 cm 等，一般为瓷质； 用于液体的蒸发、浓缩和结晶	盛装液体时不超过总量的三分之二，放置于三脚架或铁圈上，加热时需搅拌，快蒸干时停止加热； 放、取蒸发皿时要用坩埚钳
坩埚	常用规格有 20、25、30 mL 等多种； 用于固体的干燥或结晶水合物的脱水	可承受 1 400 ℃高温，加热时需垫泥三角，夹取时使用坩埚钳，冷却时放置于石棉网上，热坩埚冷却时需放置在干燥器中
坩埚钳	用于夹取坩埚、坩埚盖、蒸发皿等容器	用坩埚钳夹取灼热的坩埚时，必须将钳尖先预热，避免瓷质坩埚骤冷而炸裂； 夹取时避免用力，要轻夹
三脚架	铁质，常用来架坩埚	常与泥三角配合使用
泥三角	灼烧时放置坩埚用的工具	常与三脚架配合使用； 泥三角使用完不要直接接触发热部位，防止烫伤，等待泥三角冷却后方可拿下
漏斗	分为普通漏斗、热水漏斗、长颈漏斗、分液漏斗等，常用规格有 40、60、100 mL 等； 可用于向小口容器中转移液体； 普通漏斗配合滤纸时可用于过滤液体； 长颈漏斗可用于装配气体发生装置	过滤时，滤纸与漏斗内壁应严密吻合，用水润湿后，中间不得有气泡； 用长颈漏斗添加液体时应插入液面下，否则产生的气体会从漏斗中逸出
烧瓶	规格有 5、25、50、100 mL，较大的有 250、500、1 000、2 000 mL 等； 用于固液反应容器、液液反应容器等有较多液体参与的反应	不加热时常用平底烧瓶； 圆底烧瓶加热时需垫石棉网，或使用水浴加热； 装液量不超过容积的二分之一； 加热时瓶内可加入碎瓷片，瓶口可插温度计

续表

仪器名称	规格和用途	注意事项
分液漏斗	分为梨形、球形和筒形等，常用60、125、250 mL等多种规格； 用于分离不同密度且互不相溶的液体； 组装反应器，以便随时增加液体； 用于萃取分液	使用过程包括检漏，加液，振摇，静置，分液，洗涤； 若漏液可将旋塞芯取出，涂上凡士林，但不可太多，以免阻塞流液孔； 漏斗内加入的液体量不能超过容积的四分之三； 分液时下层液体自下方放出，上层液体自上口倒出； 放液时打开上盖
干燥器	用于存放需要保持干燥的物品的容器；干燥器隔板下面放置干燥剂，需要干燥的物品放在适合的容器内，再将容器放入干燥器中	打开干燥器时，不能往上掀盖，应用左手按住干燥器，右手把盖子稍微推开； 干燥器盖子与磨口边缘处涂上凡士林，防止漏气； 烘干后的坩埚和沉淀，在干燥器内不宜放置过久，否则会因吸收一些水分而使质量略有增加； 干燥器内干燥剂要定期更换
布氏漏斗	一般由陶瓷或塑料制成，60～300 mm不等； 用来使用真空或负压力抽吸进行过滤	一般与抽滤瓶配合使用； 使用时，先用水把滤纸润湿，抽一下，使滤纸紧靠在漏斗底端，可以防止待过滤的东西漏掉
抽滤瓶	可配合布氏漏斗组合抽滤装置，抽滤瓶用于接收滤液	一般与布氏漏斗配合使用； 使用时注意抽滤装置的密封性
量筒	可由玻璃或塑料制成，常用的有10、25、50、100、250、500、1 000 mL等； 主要用于精确度不高的液体体积的量取	不能加热和量取热的液体，不能作反应器，不能在量筒里配制稀释溶液； 使用时应根据液体体积的大小选用相应规格的量筒，不能用大量筒量取少量液体，也不能用小量筒多次量取所需量较大的液体； 读数时，量筒必须放平，视线要与量筒内凹液面的最低点保持水平

仪器名称	规格和用途	注意事项
量杯	可由玻璃或塑料制成，规格有 5～1 000 mL 不等； 用于量取各种不同体积的液体	不能加热和量取热的液体，不能作反应器，不能在量筒里配制稀释溶液； 量取时选用适合的量程
移液管　吸量管	常用规格有 1、2、5、10、25、50 mL 等； 用来准确移取一定体积的溶液的量器	属于量出式仪器，只用来测量它所放出溶液的体积； 移液管（吸量管）不能移取太热或太冷的溶液； 新式移液管使用时不要吹出管口残余，否则引起量取液体过多； 在使用时为了减少测量误差，应从最上面 0 刻度处为起始点，往下放出所需体积的溶液，而不是需要多少体积就吸取多少体积
滴定管	分为酸式滴定管和碱式滴定管两种，常用 25、50、100 mL 等规格； 主要用于滴定分析的量器，精确度较高	滴定管的使用要遵循"两检、三洗、一排气，正确装液，注意手法，边滴边摇，一滴变色"的使用原则（使用前检查漏液和破损，经过自来水、蒸馏水、标准溶液的 3 次润洗，装入溶液后排除滴定管下端的气泡）； 装液时一定要用试剂瓶直接装入，不可借助其他仪器； 调整液面时，应使滴定管的尖嘴部分充满液体，不能有气泡，并使液面在刻度"0"或以下； 滴定管用后应立即洗净
容量瓶	常用 25、50、100、250、500、1 000、2 000 mL 等规格； 用于准确配制一定体积和一定浓度的溶液	不能在容量瓶里进行溶质的溶解； 用于洗涤烧杯的溶剂总量不能超过容量瓶的标线，一旦超过，必须重新进行配制； 容量瓶不能进行加热，如果溶质在溶解过程中放热，要待溶液冷却后再进行转移； 容量瓶只能配制一定容量的溶液

仪器名称	规格和用途	注意事项
锥形瓶	常见的锥形瓶容量有 50 mL 至 250 mL 不等； 可用于中和反应、制取气体等反应的容器； 可盛放试剂	用于滴定时液量不超过二分之一； 加热时需垫石棉网； 振荡时用手指捏住锥形瓶的颈部，用腕力使瓶内液体沿一个方向作圆周运动，不得左右或上下振动，防止瓶内液体溅出
滴管	常用规格为管长 90、100 mm 两种； 用于取用或滴加少量液体	胶头滴管加液时，不能伸入容器，更不能接触容器，应垂直悬于容器上方 0.5 cm 处； 滴瓶上配有滴管，则这个滴管是滴瓶专用，不可交叉使用； 不能倒置，也不能平放于桌面上，应插入干净的瓶中或试管内
滴瓶	常用滴瓶为 30、60、125 mL 等； 滴瓶用于存放少量液体	滴瓶上的滴管不要用水冲洗； 吸上的药品如剩余不可倒回； 滴管不能平放或倒立，以防液体流入胶头； 盛碱性溶液时改用软木塞或橡胶塞
表面皿	常用规格为 50~180 mm； 用于蒸发少量液体； 暂时盛放固体或液体试剂； 可以作承载器，用来承载 pH 试纸检测试验	加热时需垫上石棉网； 使用时注意口径大小的选择
细口瓶	常见规格为 60、125、250、500、1 000 mL 等，有透明和棕色两种； 用于分装各种试剂	细口瓶盛装液体试剂； 瓶口内侧如有磨砂，跟玻璃磨砂塞配套； 盛放碱性试剂，要改用橡皮塞和无磨口瓶
广口瓶	常见规格为 60、125、250、500、1 000 mL 等，有透明和棕色两种； 用于分装各种试剂	广口瓶盛装固体试剂； 瓶口内侧如有磨砂，跟玻璃磨砂塞配套； 盛放碱性试剂，要改用橡皮塞和无磨口瓶

续表

仪器名称	规格和用途	注意事项
称量瓶	有扁形和高形两种，常用规格为 10、15、20、30 mL 等； 用于准确称量一定量的固体	不能用火直接加热； 盖子瓶子配套，瓶盖不能互换； 称量时不可用手直接拿取，应戴指套或垫以洁净纸条
洗瓶（塑料）	常用为 250 mL 和 500 mL 两种； 用于装清洗溶液的一种容器	使用前检查气密性； 清洗时，注意防止腐蚀性溶液喷溅到手上
水浴锅	按孔位分类，有二孔、四孔、六孔、八孔水浴锅； 主要用于实验室中蒸馏、干燥、浓缩等实验，也可用于恒温加热和其他温度试验	使用时必须先加适量的洁净水于锅内； 加水不可太多，以免沸腾时水量溢出锅外； 锅内水量不可低于二分之一，不可使加热管露出水面； 注意仪器接地保护，防止触电
电烘箱	用于一定温度下的保温恒温，也可用于仪器的干燥灭菌	注意仪器接地保护，防止触电； 设备所在区域杜绝易燃易爆物品，注意防爆； 非防爆烘箱内不可烘干带有易挥发性溶剂的物品； 烘箱进出风口不可遮挡

附录二

部分弱酸、弱碱在水中的解离平衡常数（298.15 K）

弱酸或弱碱	化学式	解离平衡常数，K
醋酸	CH_3COOH	1.75×10^{-5}
碳酸	H_2CO_3	$K_1 = 4.3 \times 10^{-7}$
		$K_2 = 5.61 \times 10^{-11}$
草酸	$H_2C_2O_4$	$K_1 = 5.9 \times 10^{-2}$
		$K_2 = 6.4 \times 10^{-5}$
亚硝酸	HNO_2	5.1×10^{-4}
磷酸	H_3PO_4	$K_1 = 6.9 \times 10^{-3}$
		$K_2 = 6.2 \times 10^{8}$
		$K_3 = 4.8 \times 10^{-13}$
亚硫酸	H_2SO_3	$K_1 = 1.54 \times 10^{-2}$ （291 K）
		$K_2 = 1.02 \times 10^{-7}$ （291 K）
氢硫酸	H_2S	$K_1 = 9.1 \times 10^{-8}$ （291 K）
		$K_2 = 1.1 \times 10^{-12}$ （291 K）
氢氰酸	HCN	6.2×10^{-10}
硼酸	H_3BO_3	5.8×10^{-10}
氢氟酸	HF	6.8×10^{-4}
过氧化氢	H_2O_2	$K_1 = 2.4 \times 10^{-12}$
		$K_2 = 1.0 \times 10^{-25}$
次氯酸	$HClO$	3×10^{-8}
甲酸	$HCOOH$	1.77×10^{-4}
苯甲酸	C_6H_5COOH	6.2×10^{-5}
苯酚	C_6H_5OH	1.1×10^{-10}
氨水	$NH_3 \cdot H_2O$	1.8×10^{-5}

部分难溶电解质的溶度积 （298.15 K）

难溶电解质	K_{sp}	难溶电解质	K_{sp}
AgBr	5.35×10^{-13}	CuS	1.27×10^{-36}
Ag_2CO_3	8.46×10^{-12}	$PbCl_2$	1.70×10^{-5}
AgCl	1.77×10^{-10}	$PbCrO_4$	2.8×10^{-13}
Ag_2CrO_4	1.12×10^{-12}	$Cr(OH)_3$	6.3×10^{-31}
AgI	8.51×10^{-17}	$Fe(OH)_2$	4.87×10^{-17}
Ag_2SO_4	1.20×10^{-5}	$Fe(OH)_3$	2.79×10^{-39}
$Al(OH)_3$	1.3×10^{-33}	Hg_2Cl_2	1.43×10^{-18}
$BaCO_3$	2.58×10^{-9}	Hg_2I_2	5.2×10^{-29}
$BaCrO_4$	1.17×10^{-10}	$MgCO_3$	6.82×10^{-6}
$BaSO_4$	1.08×10^{-10}	$Mg(OH)_2$	5.61×10^{-12}
$CaCO_3$	3.36×10^{-9}	$MgCO_3$	6.82×10^{-6}
$CaC_2O_4 \cdot H_2O$	2.32×10^{-9}	$Mn(OH)_2$	1.9×10^{-13}
$Ca_3(PO_4)_2$	2.07×10^{-33}	PbI_2	9.8×10^{-9}
$CaSO_4$	4.93×10^{-5}	$ZnCO_3$	1.46×10^{-10}

参考答案

第一章

一、单项选择题

1. B　2. D　3. B　4. D　5. B　6. C　7. A　8. B　9. B　10. D　11. D　12. A　13. D　14. C

二、填空题

1. 6.02×10^{23}　2　　2. $5:8$　$5:8$　$5:8$　　3. 24.5　$1:4$　$1:1$　　4. 11.2 L

5. 相等　$2:3$　$1:1$　$2:3$　　6. 44 g／mol　1.96 g/L

三、判断题

1. ×　2. ×　3. ×　4. √　5. √　6. ×　7. ×　8. ×

四、简答题

1. 物质的量：物质的量是表示物质所含结构粒子数目多少的物理量，用符号"n"来表示，是一个整体名词，有自己的单位，单位是摩尔。

摩尔质量：1 mol 物质的质量，单位是 g/mol。

摩尔体积：在一定温度和压强下，1 mol 物质的体积称为该物质的摩尔体积，单位是 L/mol。

2. 在相同状况（同温同压）下，相同体积的任何气体都含有相同数目的分子（物质的量相等），这就是阿伏伽德罗定律。

3. 常用的灭火措施有以下几种，使用时要根据火灾的轻重、燃烧物的性质、周围环境现有条件进行选择。

（1）石棉布适用于小火。用石棉布盖上以隔绝空气，就能灭火。如果火很小，用湿抹布盖上就行。

（2）干沙土一般装于沙箱内，只要抛撒在着火物体上就可灭火。适用于不能用水扑救的燃烧，但对火势很猛、面积很大的火焰效果欠佳。

（3）水是常用的救火物质。它能使燃烧物的温度下降，但一般有机物着火不适用，因溶剂与水不相溶，且比水轻，水浇上去后，溶剂漂在水面上，扩散开来继续燃烧。溶剂着火时，先用泡沫灭火器把火扑灭，再用水降温是有效的救火方法。

（4）泡沫灭火器是实验室常用的灭火器材。使用时，把灭火器倒过来，往火场喷，由于它生成二氧化碳及泡沫，使燃烧物与空气隔绝而灭火，适用于除电气设备起火外的灭火。

（5）二氧化碳灭火器。在小钢瓶中装入液态二氧化碳，救火时它不损坏仪器，不留残渣，对于通电的仪器也可以使用。

（6）四氯化碳灭火器。四氯化碳不燃烧，也不导电，对电气设备引起的火灾具有较好的灭火作用。

（7）石墨粉。当钾、钠或锂着火时，不能用水、泡沫灭火器、二氧化碳灭火器等灭火，可用石墨粉扑灭。

4. 化学实验室常见事故处理

（1）割伤。若一般轻伤，应及时挤出污血，在伤口处涂上红药水或甲紫药水，并用纱布包扎。伤口内若有玻璃碎片或污物，先用消毒过的镊子取出，用生理盐水清洗伤口，再用 3% H_2O_2 消毒，然后涂上红药水，撒上消炎药，并用绷带包扎。若伤口过深、出血过多时，可用云南白药止血或扎止血带，送往医院救治。

（2）烫伤。在烫伤处抹上烫伤膏或万花油，或用高锰酸钾或苦味酸涂于烫伤处，再抹上凡士林、烫伤膏。若烫伤后起泡，要注意不要挑破水泡。

（3）酸烧伤。先用干布蘸干，再用饱和碳酸氢钠溶液或稀氨水冲洗，最后用水冲洗。若酸液溅入眼睛内，则应立即用大量细水流长时间冲洗，再用 2% 硼砂溶液冲洗，最后用蒸馏水冲洗（有条件可用洗眼器冲洗）。冲洗时，避免用水流直射眼睛，也不要揉搓眼睛。

（4）碱烧伤。先用大量水冲洗，再用 2% 醋酸溶液冲洗，最后用水冲洗。若碱液溅入眼睛内，则应立即用大量细水流长时间冲洗，再用 3% 硼酸溶液冲洗，最后用蒸馏水冲洗。

（5）白磷灼伤。用 1% 硫酸铜溶液或高锰酸钾溶液冲洗伤口，再用水冲洗。

（6）吸入有毒气体。吸入硫化氢气体时，应立即到室外，呼吸新鲜空气；吸入氯气、氯化氢气体时，可吸入少量乙醇和乙醚混合蒸气解毒；吸入溴蒸气时，可吸入氨气和新鲜空气解毒。

五、综合题

1. 0.4 mol　57.4 g　2. 130 g

第二章

一、单项选择题

1. B　2. C　3. D　4. D　5. D　6. C　7. D　8. B　9. D　10. B　11. B　12. D　13. C
14. A　15. C　16. C　17. A　18. A

二、填空题

1. 均匀　透明　2. 丁达尔　3. 红褐　光亮的通路　溶液和胶体　聚沉

4. 溶质　溶剂　等于　不等于　5. 氯化钠和高锰酸钾　水　6. 降温　蒸发水分

7. 有半透膜存在　半透膜两侧溶质粒子有浓度差异　8. 数　性质　大小　9. 100

10. 16.5　偏小

三、判断题

1. √　2. ×　3. ×　4. ×　5. ×　6. √　7. √　8. ×　9. ×　10. √

四、简答题

1. 加入电解质，电解质电离产生的、与胶粒带相反电荷的离子，能够中和胶粒的电荷，破坏溶剂化膜，使溶胶的稳定性降低而发生聚沉。加入带相反电荷的溶胶异性的两种胶团相互吸引、中和而发生聚沉。加热，升高温度，增加胶粒碰撞、接触的机会，降低胶粒的吸附作用和溶剂化程度，从而导致聚沉。

2. 影响气体溶解度的因素除与溶质和溶剂性质有关外，还与温度和压强有关系。

3. 这是因为红细胞内液为等渗溶液，只有在等渗溶液中时，红细胞才能保持其正常形态和生理活性，当红细胞置于低渗溶液中时，可能会出现溶血现象，当红细胞置于高渗溶液中时，可能形成血栓。

五、综合题

1.（1）7.3 g　42.7 g　（2）52.2 g　9.5 g　42.7 g

2. 2.5 g　47.5 mL

3. 6.10 mol/L

4. 27.2 mL

5. 75 mL

第三章

一、单项选择题

1. B　2. D　3. C　4. C　5. A　6. B　7. B　8. A　9. B　10. B　11. C　12. A　13. D
14. C　15. A　16. D

二、填空题

1. 浓度　温度　压强　催化剂
2. 浓度　温度　压强
3. 0.01 mol/（L·min）　0.02 mol/（L·min）　0.03 mol/（L·min）　1:2:3
4. 升高　降低

三、判断题

1. √　2. ×　3. ×　4. √　5. ×　6. √

四、简答题

1. 化学反应速率是指一定时间内，反应物转化为生成物的多少，即反应物的减少量或者生成物的增加量。

2. 在一定条件下，正反应速率和逆反应速率相等，浓度不随时间变化发生改变的状态，称为化学平衡状态。

3. 反应达到化学平衡时，如果改变影响平衡体系的条件之一，如浓度、压强、温度，平衡就向能减弱这种改变的方向移动。

五、综合题

1. 0.02 mol／（L·s）

2. $v_{N_2} = 0.4$ mol／（L·min） $v_{H_2} = 1.2$ mol／（L·min）

   $v_{NH_3} = 0.8$ mol／（L·min）

3. $c_{CO} = \dfrac{4}{7}$ mol/L

4. $c_{SO_2} = 1$ mol/L $c_{O_2} = 1$ mol/L $c_{SO_3} = 4$ mol/L

5. $\dfrac{1}{36}$

第四章

一、单项选择题

1. C   2. B   3. D   4. B   5. D   6. D   7. C   8. A   9. A   10. D   11. D   12. C   13. D

14. C   15. B   16. C   17. B   18. A

二、填空题

1. 在水溶液或熔融状态下能够完全解离或部分解离，能够导电的化合物   强电解质   弱电解质

2. 化学平衡   化学平衡   温度   浓度   解离平衡时已解离的弱电解质分子数占解离前分子总数的百分数 $K_a = c\alpha^2$

3. 降低   略有增大   大

4. 把溶液中［H^+］的负对数 $0 \sim 14$ 小

5. 降低   减小   不变

6. $> 10^{-7}$ < 7 $= 10^{-7}$ $= 7$ $< 10^{-7}$ > 7

7. 弱酸的解离平衡常数   弱碱的解离平衡常数   水的离子积常数   温度   浓度

8. 反比   大

9. （1）$NaHSO_4 \Longrightarrow Na^+ + H^+ + SO_4^{2-}$

   （2）$NaHCO_3 \Longrightarrow Na^+ + HCO_3^-$

   （3）$H_2O \Longrightarrow H^+ + OH^-$

   （4）$CH_3COOH \Longrightarrow H^+ + CH_3COO^-$

   （5）$H_2SO_4 \Longrightarrow 2H^+ + SO_4^{2-}$

   （6）$Na_2SO_4 \Longrightarrow 2Na^+ + SO_4^{2-}$

10. Cu^{2+} Na^+ SO_4^{2-} $Cu^{2+} + 2OH^- \Longrightarrow Cu(OH)_2 \downarrow$

11. $=$ $>$ $<$ 12. 减小

三、判断题

1. ×   2. ×   3. ×   4. ×   5. √   6. ×   7. ×   8. ×   9. √   10. √   11. ×   12. ×

四、简答题

1. 这种在弱电解质溶液中加入一种与该弱电解质具有相同离子的易溶强电解质后，使弱电解质解离度降低的现象称为同离子效应。

2. 在一定温度下，$[H^+][OH^-]$ 为一个常数，称为水的离子积常数，简称水的离子积，通常用 K_w 表示。

3. $NH_4^+ + H_2O \Longrightarrow NH_3 \cdot H_2O + H^+$，溶液显酸性。

4. 影响水解的主要因素是物质的本性，外在因素是温度、浓度、酸度等。

五、综合题

1. 0.01 mol/L　2　4.18×10^{-4} mol/L　3.38

2. $[H^+] = [ClO^-] = 1.73 \times 10^{-5}$ mol/L　0.173%

3. $K_a = 1.32 \times 10^{-5}$

4. 11.13

5. 有沉淀析出。

6. 不存在，因为当沉淀完全时，$[Ag^+]$、$[I^-]$ 均小于 10^{-5}。

第五章

一、单项选择题

1. A　2. B　3. B　4. D　5. C　6. C　7. B　8. B　9. A

二、填空题

1. （1）$3Cl_2 + 6KOH \xlongequal{} 5KCl + KClO_3 + 3H_2O$　　Cl_2　　Cl_2

　　（2）$KClO_3 + 6HCl \xlongequal{} 3Cl_2 + 3H_2O + KCl$　　还原性和酸性　　Cl

2. Al　失 $6e^-$　氧化　Fe　得 $6e^-$　还原　Fe_2O_3　Al_2O_3

三、配平下列化学反应方程式

1. $MnO_2 + 4HCl（浓）\xlongequal{} MnCl_2 + Cl_2 \uparrow + 2H_2O$

2. $C + 2H_2SO_4 \xlongequal{} CO_2 \uparrow + 2SO_2 \uparrow + 2H_2O$

3. $Cu + 4HNO_3（浓）\xlongequal{} Cu(NO_3)_2 + 2NO_2 \uparrow + 2H_2O$

4. $5H_2S + 2KMnO_4 + 3H_2SO_4 \xlongequal{} 5S + K_2SO_4 + 2MnSO_4 + 8H_2O$

四、简答题

1. 略　2. 正极 Ag　负极 Cu　3. 略

4. 负极：$Cu - 2e^- \xlongequal{} Cu^{2+}$

　　正极：$2Ag^+ + 2e^- \xlongequal{} 2Ag$

5. $(-) Cu \mid Cu^{2+} \parallel Ag^+ \mid Ag (+)$

第六章

一、单项选择题

1. D　2. A　3. B　4. C　5. D　6. B　7. A　8. A

二、填空题

1. 11　11　11　23

2. 离子键　无饱和性　无方向性

3. 2　8　18

4. 硫　S　三　ⅥA　p

5. 氢键

6. 取向力　诱导力　色散力

7. 饱和性　方向性

8. 色散力　诱导力和色散力

9. 氯化四氨合铜（Ⅱ）　Cu（Ⅱ）或Cu^{2+}　4　4　$Na_2[SiF_6]$

　$[Co(NH_3)_5Cl]Cl_2$　$K_2[HgI_4]$

10. 减小　增大

三、判断题

1. √　2. ×　3. ×　4. √　5. ×　6. √　7. √　8. ×

第七章

一、单项选择题

1. D　2. A　3. B　4. C　5. D　6. C　7. A　8. C　9. C　10. D　11. A　12. A　13. D

14. C　15. D　16. C　17. A　18. B　19. D　20. A　21. C

二、填空题

1. 氧化性　次氯酸（HClO）　漂白剂

2. 石棉网　烧瓶　分液漏斗　玻璃导管

3. 向上排空气　浓氢氧化钠　湿润的淀粉—碘化钾试纸

4. 氧气　臭氧　不同　同素异形体

5. 消毒　漂白

6. 氢化物　黏稠液体　双氧水

7. 硫化氢（H_2S）　氢硫酸

8. 导热　导电　延展性

9. 过氧化氢　氧气

10. 镁（Mg）　锶（Sr）　钡（Ba）

三、判断题

1. ×　2. √　3. ×　4. √　5. ×　6. √　7. √　8. √　9. √　10. ×

四、简答题

1. 连接好装置，检查气密性；在烧瓶中加入氯化钠固体；往分液漏斗中加入浓硫酸，再缓缓滴入烧瓶中；缓缓加热，加快反应，使气体均匀逸出；通过浓硫酸进行干燥；用向上排空气法收集氯化氢气体，尾气导入吸收剂中。

2. 硫酸是一种难挥发的强酸，能与水以任意比例互溶。浓硫酸能强烈吸水而生成硫酸水合物，同时放出大量的热。所以用水稀释浓硫酸时，必须将浓硫酸缓慢地注入水中，并用玻璃棒不断搅拌。实验室中常用浓硫酸作干燥剂，就是利用了浓硫酸的强吸水性。浓硫酸能从有机物中，按水的组成比例夺取其中的氢和氧，从而使有机物发生碳化现象，这种性质称为浓硫酸的脱水性。

3. 大多数金属具有金属光泽，密度和硬度较大，熔点、沸点较高，具有良好的延展性和导电导热性。不同的金属又有自己的特性，如铁、铝大多数金属都呈银白色，但铜呈紫红色，金呈黄色，细铁粉、银粉是黑色的。常温下多数金属都是固体，但汞是液体。

4. 铁丝中通常含有少量碳元素，而纯铁燃烧几乎不会有火星四射的现象。

五、综合题

1. 14.4 mol/L　21 mL

2. 不相等。第一个烧杯 HCl 过量，烧杯中物质质量 55.6 g；第二个烧杯 $CaCO_3$ 过量，烧杯中物质质量 56.99 g。

3. 5.6 g　1.8%

4. 33.6 kg

5. $Na_2O_2$7.8 g，$(NH_4)_2SO_4$6.6 g，$Na_2SO_4$8.52 g，$KNO_3$0.32 g

主要参考文献

1. 张雪昀，倪汀．药用化学基础（一）——无机化学［M］．3 版．北京：中国医药科技出版社，2020.

2. 蒋文，石宝珏．无机化学［M］．4 版．北京：中国医药科技出版社，2021.

3. 蔡自由，叶国华．无机化学［M］．3 版．北京：中国医药科技出版社，2017.

4. 赵红，蒋江．无机化学［M］．3 版．北京：人民卫生出版社，2018.

5. 张天蓝，姜凤超．无机化学［M］．7 版．北京：人民卫生出版社，2016.

6. 冯务群．无机化学［M］．3 版．北京：人民卫生出版社，2014.

7. 李惠芝．无机化学［M］．北京：中国医药科技出版社，2002.

8. 陆永诚．无机化学［M］．北京：中国医药科技出版社，1999.

元素周期表

· 194 ·

图例： 金属　过渡元素　非金属

图例说明（示例）：
- 原子序数：92
- 元素符号，红色指放射性元素：U
- 元素名称，注*的是人造元素：铀
- 外围电子层排布，括号指可能的电子层排布：$5f^36d^17s^2$
- 相对原子质量：238.0

注：
1. 相对原子质量录自1999年国际原子量表，并全部取4位有效数字。
2. 相对原子质量加括号的为放射性元素的半衰期最长同位素的质量数。
3. 新元素名称来自2017年1月15日由全国科学技术名词审定委员会与国家语言文字工作委员会公布的《113号，115号，117号，118号元素中文定名方案》。

周期 1

族	序数	符号	名称	电子排布	相对原子质量
IA	1	H	氢	$1s^1$	1.008
0	2	He	氦	$1s^2$	4.003

0族电子数：K 2

周期 2

族	序数	符号	名称	电子排布	相对原子质量
IA	3	Li	锂	$2s^1$	6.941
IIA	4	Be	铍	$2s^2$	9.012
IIIA	5	B	硼	$2s^22p^1$	10.81
IVA	6	C	碳	$2s^22p^2$	12.01
VA	7	N	氮	$2s^22p^3$	14.01
VIA	8	O	氧	$2s^22p^4$	16.00
VIIA	9	F	氟	$2s^22p^5$	19.00
0	10	Ne	氖	$2s^22p^6$	20.18

0族电子数：L 8，K 2

周期 3

族	序数	符号	名称	电子排布	相对原子质量
IA	11	Na	钠	$3s^1$	22.99
IIA	12	Mg	镁	$3s^2$	24.31
IIIA	13	Al	铝	$3s^23p^1$	26.98
IVA	14	Si	硅	$3s^23p^2$	28.09
VA	15	P	磷	$3s^23p^3$	30.97
VIA	16	S	硫	$3s^23p^4$	32.07
VIIA	17	Cl	氯	$3s^23p^5$	35.45
0	18	Ar	氩	$3s^23p^6$	39.95

0族电子数：M 8，L 8，K 2

周期 4

族	序数	符号	名称	电子排布	相对原子质量
IA	19	K	钾	$4s^1$	39.10
IIA	20	Ca	钙	$4s^2$	40.08
IIIB	21	Sc	钪	$3d^14s^2$	44.96
IVB	22	Ti	钛	$3d^24s^2$	47.87
VB	23	V	钒	$3d^34s^2$	50.94
VIB	24	Cr	铬	$3d^54s^1$	52.00
VIIB	25	Mn	锰	$3d^54s^2$	54.94
VIII	26	Fe	铁	$3d^64s^2$	55.85
VIII	27	Co	钴	$3d^74s^2$	58.93
VIII	28	Ni	镍	$3d^84s^2$	58.69
IB	29	Cu	铜	$3d^{10}4s^1$	63.55
IIB	30	Zn	锌	$3d^{10}4s^2$	65.39
IIIA	31	Ga	镓	$4s^24p^1$	69.72
IVA	32	Ge	锗	$4s^24p^2$	72.63
VA	33	As	砷	$4s^24p^3$	74.92
VIA	34	Se	硒	$4s^24p^4$	78.96
VIIA	35	Br	溴	$4s^24p^5$	79.90
0	36	Kr	氪	$4s^24p^6$	83.80

0族电子数：N 8，M 18，L 8，K 2

周期 5

族	序数	符号	名称	电子排布	相对原子质量
IA	37	Rb	铷	$5s^1$	85.47
IIA	38	Sr	锶	$5s^2$	87.62
IIIB	39	Y	钇	$4d^15s^2$	88.91
IVB	40	Zr	锆	$4d^25s^2$	91.22
VB	41	Nb	铌	$4d^45s^1$	92.91
VIB	42	Mo	钼	$4d^55s^1$	95.94
VIIB	43	Tc	锝	$4d^55s^2$	[97.99]
VIII	44	Ru	钌	$4d^75s^1$	101.1
VIII	45	Rh	铑	$4d^85s^1$	102.9
VIII	46	Pd	钯	$4d^{10}$	106.4
IB	47	Ag	银	$4d^{10}5s^1$	107.9
IIB	48	Cd	镉	$4d^{10}5s^2$	112.4
IIIA	49	In	铟	$5s^25p^1$	114.8
IVA	50	Sn	锡	$5s^25p^2$	118.7
VA	51	Sb	锑	$5s^25p^3$	121.8
VIA	52	Te	碲	$5s^25p^4$	127.6
VIIA	53	I	碘	$5s^25p^5$	126.9
0	54	Xe	氙	$5s^25p^6$	131.3

0族电子数：O 8，N 18，M 18，L 8，K 2

周期 6

族	序数	符号	名称	电子排布	相对原子质量
IA	55	Cs	铯	$6s^1$	132.9
IIA	56	Ba	钡	$6s^2$	137.3
IIIB	57-71	La-Lu	镧系		
IVB	72	Hf	铪	$5d^26s^2$	178.5
VB	73	Ta	钽	$5d^36s^2$	180.9
VIB	74	W	钨	$5d^46s^2$	183.8
VIIB	75	Re	铼	$5d^56s^2$	186.2
VIII	76	Os	锇	$5d^66s^2$	190.2
VIII	77	Ir	铱	$5d^76s^2$	192.2
VIII	78	Pt	铂	$5d^96s^1$	195.1
IB	79	Au	金	$5d^{10}6s^1$	197.0
IIB	80	Hg	汞	$5d^{10}6s^2$	200.6
IIIA	81	Tl	铊	$6s^26p^1$	204.4
IVA	82	Pb	铅	$6s^26p^2$	207.2
VA	83	Bi	铋	$6s^26p^3$	209.0
VIA	84	Po	钋	$6s^26p^4$	[209.0]
VIIA	85	At	砹	$6s^26p^5$	[210]
0	86	Rn	氡	$6s^26p^6$	[222]

0族电子数：P 8，O 18，N 32，M 18，L 8，K 2

周期 7

族	序数	符号	名称	电子排布	相对原子质量
IA	87	Fr	钫	$7s^1$	[223]
IIA	88	Ra	镭	$7s^2$	[226]
IIIB	89-103	Ac-Lr	锕系		
IVB	104	Rf	𬬻*	$(6d^27s^2)$	[267]
VB	105	Db	𬭊*	$(6d^37s^2)$	[268]
VIB	106	Sg	𬭳*	$(6d^47s^2)$	[269]
VIIB	107	Bh	𬭛*	$(6d^57s^2)$	[270]
VIII	108	Hs	𬭶*	$(6d^67s^2)$	[269]
VIII	109	Mt	鿏*	$(6d^77s^2)$	[278]
VIII	110	Ds	𫟼*	$(6d^87s^2)$	[281]
IB	111	Rg	𬬭*	$(6d^{10}7s^1)$	[281]
IIB	112	Cn	鎶*	$(6d^{10}7s^2)$	[285]
IIIA	113	Nh	鿭*	$(6d^{10}7s^27p^1)$	[286]
IVA	114	Fl	𫓧*	$(6d^{10}7s^27p^2)$	[289]
VA	115	Mc	镆*	$(6d^{10}7s^27p^3)$	[288]
VIA	116	Lv	𫟷*	$(6d^{10}7s^27p^4)$	[293]
VIIA	117	Ts	鿬*	$(6d^{10}7s^27p^5)$	[294]
0	118	Og	鿫*	$(6d^{10}7s^27p^6)$	[294]

0族电子数：Q 8，P 18，O 32，N 32，M 18，L 8，K 2

镧系

序数	符号	名称	电子排布	相对原子质量
57	La	镧	$5d^16s^2$	138.9
58	Ce	铈	$4f^15d^16s^2$	140.1
59	Pr	镨	$4f^36s^2$	140.9
60	Nd	钕	$4f^46s^2$	144.2
61	Pm	钷	$4f^56s^2$	[147]
62	Sm	钐	$4f^66s^2$	150.4
63	Eu	铕	$4f^76s^2$	152.0
64	Gd	钆	$4f^75d^16s^2$	157.3
65	Tb	铽	$4f^96s^2$	158.9
66	Dy	镝	$4f^{10}6s^2$	162.5
67	Ho	钬	$4f^{11}6s^2$	164.9
68	Er	铒	$4f^{12}6s^2$	167.3
69	Tm	铥	$4f^{13}6s^2$	168.9
70	Yb	镱	$4f^{14}6s^2$	173.0
71	Lu	镥	$4f^{14}5d^16s^2$	175.0

锕系

序数	符号	名称	电子排布	相对原子质量
89	Ac	锕	$6d^17s^2$	227.0
90	Th	钍	$6d^27s^2$	232.0
91	Pa	镤	$5f^26d^17s^2$	231.0
92	U	铀	$5f^36d^17s^2$	238.0
93	Np	镎	$5f^46d^17s^2$	237.0
94	Pu	钚	$5f^67s^2$	[244]
95	Am	镅	$5f^77s^2$	[243]
96	Cm	锔	$5f^76d^17s^2$	[247]
97	Bk	锫	$5f^97s^2$	[247]
98	Cf	锎	$5f^{10}7s^2$	[251]
99	Es	锿*	$5f^{11}7s^2$	[252]
100	Fm	镄*	$5f^{12}7s^2$	[257]
101	Md	钔*	$5f^{13}7s^2$	[258]
102	No	锘*	$(5f^{14}7s^2)$	[259]
103	Lr	铹*	$(5f^{14}6d^17s^2)$	[260]